一"码"当先

全家人的养生家常菜

甘智荣 主编

图书在版编目（CIP）数据

全家人的养生家常菜 / 甘智荣主编. -- 哈尔滨:
黑龙江科学技术出版社, 2015.11（2024.2重印）
（一“码”当先）
ISBN 978-7-5388-8628-3

Ⅰ. ①全… Ⅱ. ①甘… Ⅲ. ①家常菜肴－保健－菜谱
Ⅳ. ①TS972.161

中国版本图书馆CIP数据核字(2015)第283625号

全家人的养生家常菜

QUANJIAREN DE YANGSHENG JIACHANG CAI

主　　编　甘智荣
责任编辑　刘　杨
摄影摄像　深圳市金版文化发展股份有限公司
策划编辑　深圳市金版文化发展股份有限公司
出　　版　黑龙江科学技术出版社
地址：哈尔滨市南岗区公安街70-2号　邮编：150007
电话：（0451）53642106　传真：（0451）53642143
网址：www.lkcbs.cn
发　　行　全国新华书店
印　　刷　三河市天润建兴印务有限公司
开　　本　723 mm×1020 mm　1/16
印　　张　15
字　　数　200千字
版　　次　2016年3月第1版
印　　次　2016年3月第1次印刷　2024年2月第2次印刷
书　　号　ISBN 978-7-5388-8628-3
定　　价　68.00元

目录

Contents

Part 1 知识全攻略，教你做养生家常菜

Part 2 让宝宝茁壮成长，父母无忧

促进发育

开胃消食

明目护眼

让爷爷奶奶身体棒棒，延年益寿

补肾固齿

提高记忆力

乌发防脱

解郁安神

健脾养胃

让妈妈面色红润，窈窕有魅力

清肠排毒

塑形美体

嫩肤美颜

润肺止咳

消脂减肥

舒筋活络

让小毛病一闪而过，全家健康有活力

感冒

咳嗽

消化不良

腹泻

便秘

牙痛

口腔溃疡

皮肤瘙痒

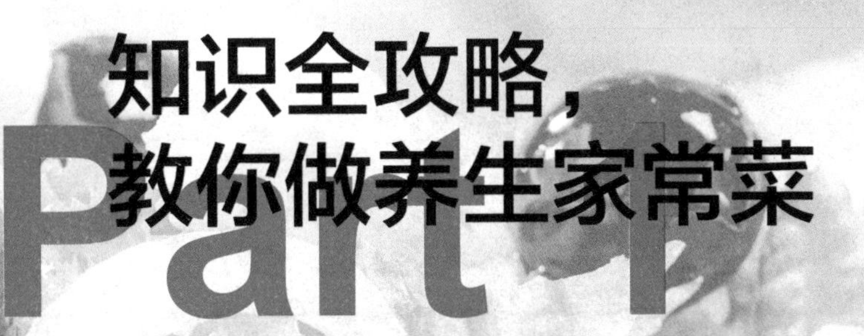

Part 1 知识全攻略，教你做养生家常菜

如今，越来越多的人开始意识到饮食不再只为充饥果腹，已经慢慢成为大家养生保健、祛病长寿的手段。俗话说“药食同源，药补不如食补”，药物因其往往会诱发一些不良反应，不能长期服用，而只能应急治病。此外，食物的偏性往往也能起到很好的调养身体的作用。所以，饮食疗法越来越受欢迎。那么，如何做出营养全面的养生家常菜呢？如何为家人的健康保驾护航呢？首先让我们一起了解一下做养生家常菜的基础知识吧。

食材选购，好食材才有大健康

要想为全家人做养生家常菜，
新鲜质好的食材必不可少，
面对市面上琳琅满目、参差不齐的食材，你会挑选吗？

洋葱

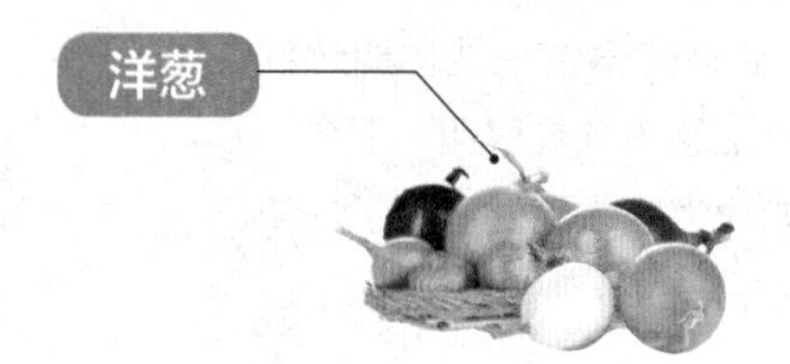

●色泽鲜明、外表光滑

选购洋葱以色泽鲜明、外表光滑、无损伤和病虫害、颈部小、未发芽、手捏坚实的为佳。

土豆

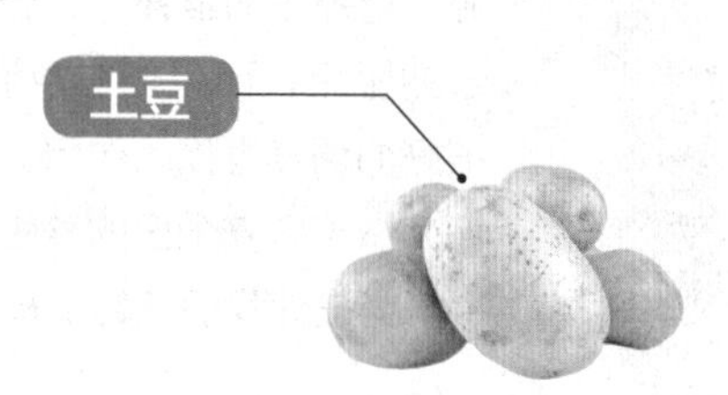

●表皮光滑、大小一致

选购时应选表皮光滑、个体大小一致、没有发芽的和绿色的为最好。凡长出嫩芽的土豆已含毒素，不宜食用。

香菜

●苗壮、叶肥、质地脆嫩

选购时应挑选苗壮、叶肥、质地脆嫩、长短适中、香气浓郁、没有黄叶、没有虫害者为佳。

冬瓜

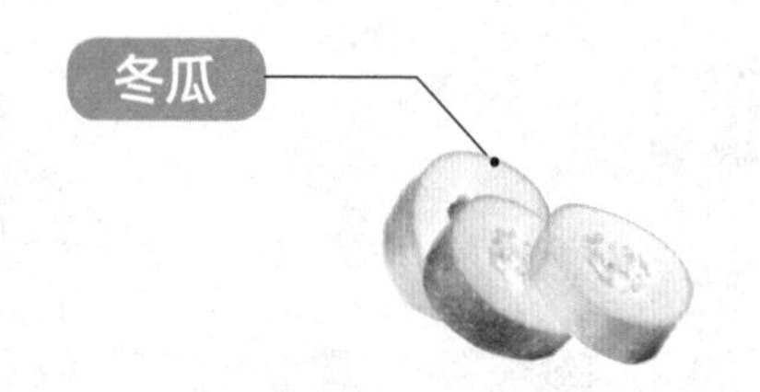

●重量大、肉质结实、质地细嫩

凡个体较大、肉厚湿润、表皮有一层粉末、重量大、肉质结实、质地细嫩的冬瓜均为质量好的冬瓜，反之，其质量就差。

黄瓜

●鲜艳、结实、光亮

选购黄瓜应以新鲜、结实、光亮，颜色为深绿色者为上品；其果肉结实而充满水分，则是未成熟的。

白萝卜

●根形圆整、表皮光滑

以根形圆整、表皮光滑为优。一般来说，皮光的往往肉细。此外，分量较重，掂在手里沉甸甸的不是糠心的萝卜。

花菜

●花球周边未散开

选购花菜要看花球的成熟度，以花球周边未散开的最好；再看花球的洁白度，以花球洁白微黄、无异色、无毛花的为佳品。

胡萝卜

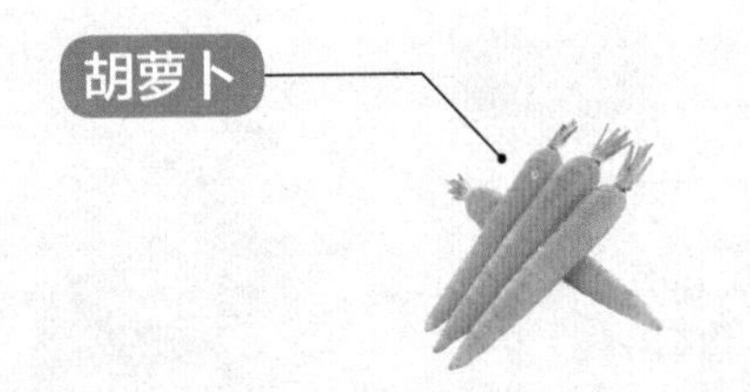

●根粗大、心细小

选购胡萝卜以根粗大、心细小，质地脆嫩、外形完整，表面光泽、感觉沉重，颜色红或橙红且色泽均匀者为佳。

芹菜

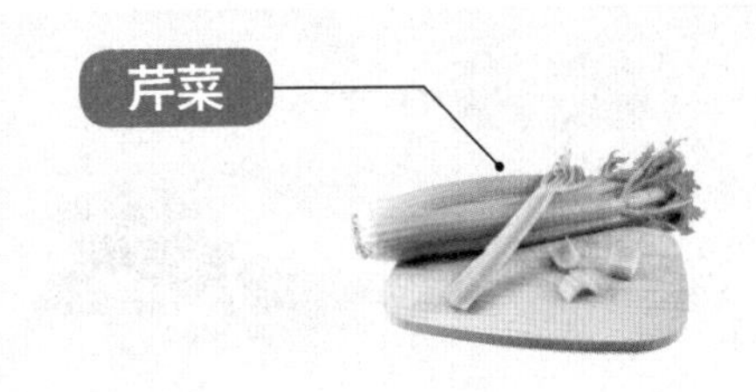

●叶身要平直

挑选芹菜主要看叶身是否平直，新鲜的芹菜是平直的。存放时间较长的芹菜，叶子尖端会翘起，叶子软，甚至发黄起锈斑。

菠菜

●叶柄短、根小色红

蔬菜市场上的菠菜一般有两种类型：一是小叶种，一是大叶种。不管什么品种，都是叶柄短、根小色红、叶色深绿的好。

西红柿

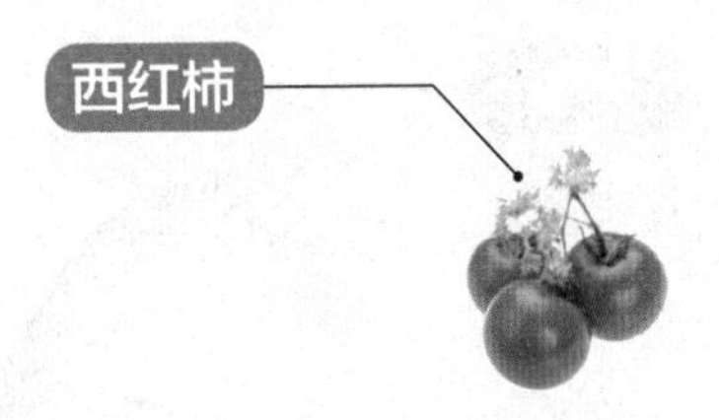

●质柔软，果肉厚、汁多

选购西红柿，以果大而整齐，表面光滑少裂纹，色鲜艳，质柔软，果肉厚、汁多、味酸甜适度为优。

蒜薹

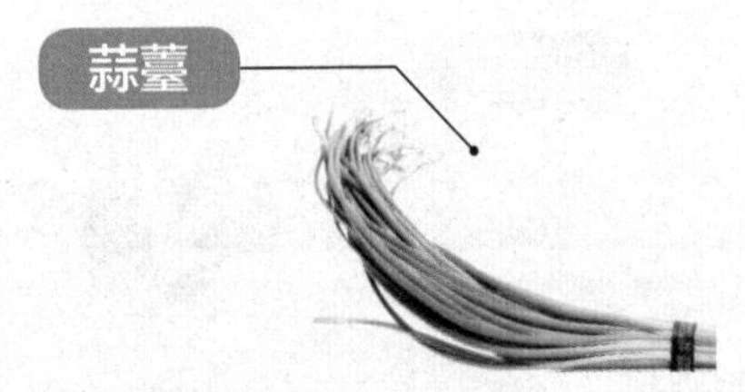

●条长翠嫩，枝条浓绿

选购蒜薹以条长翠嫩，枝条浓绿，颈部白嫩的为佳；尾巴发黄，顶端开花，纤维粗老的不宜购买。

香菇

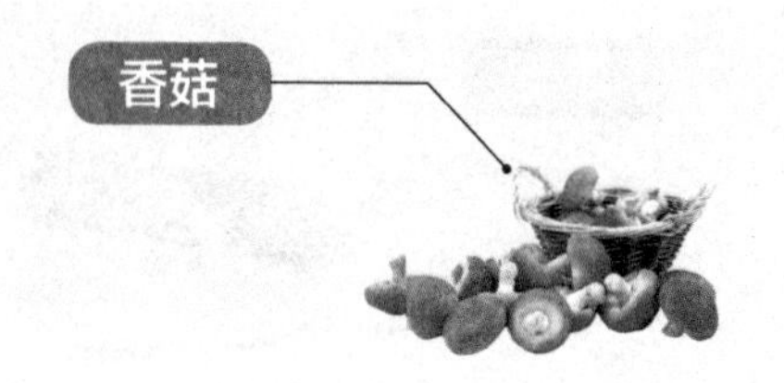

●菌伞肥厚、盖面细滑

选购香菇，总的要求是个大而均匀，菌伞肥厚、盖面细滑，边缘下卷，成分干燥，色泽黄褐或黑褐色有微霜。

猪肉

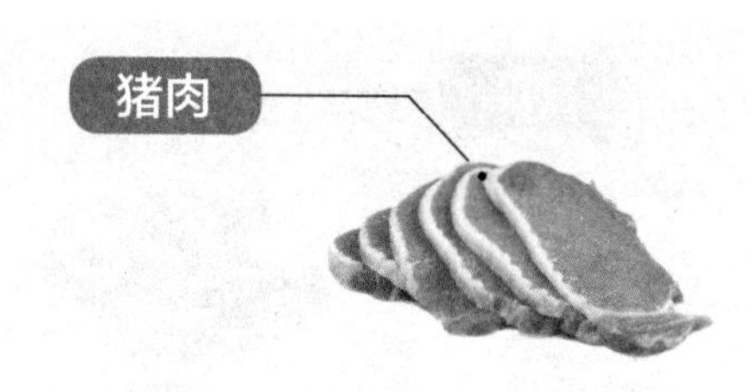

●表面呈乳白色

好的猪肉表面呈乳白色，表皮下的脂肪呈有光泽的洁白色，脂肪层的厚度适宜，且没有黄膘色。

排骨

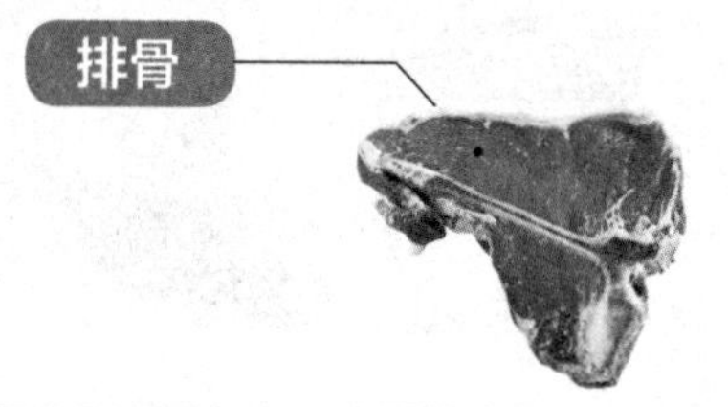

●肉颜色明亮呈红色，肉质紧密

选购鲜排骨时，要求排骨肉颜色明亮呈红色，肉质紧密，表面微干或略显湿润且不黏手的，按下后的凹印可迅速恢复。

牛肉

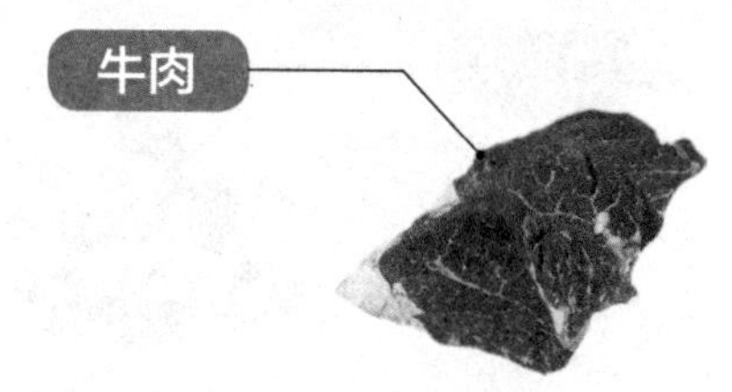

●肉颜色明亮呈红色，肉质紧密

新鲜牛肉有光泽，红色均匀稍暗，脂肪为洁白或淡黄色，外表微干或有风干膜，不粘手，弹性好，有鲜肉味。

鲫鱼

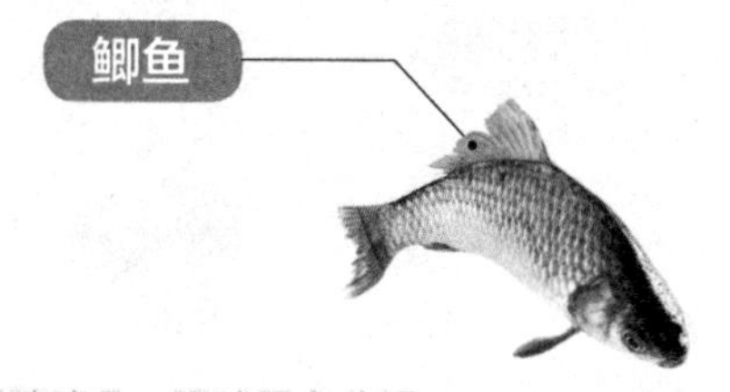

●眼睛略凸，眼球黑白分明

新鲜鲫鱼眼睛略凸，眼球黑白分明，不新鲜的则是眼睛凹陷，眼球浑浊。身体扁平、色泽偏白的，肉质比较鲜嫩。

鲤鱼

●鱼鳃色泽鲜红，腮丝清晰

优质的鲤鱼眼球突出，角膜透明，鱼鳃色泽鲜红，腮丝清晰，鳞片完整有光泽，不易脱落，鱼肉坚实、有弹性。

茼蒿

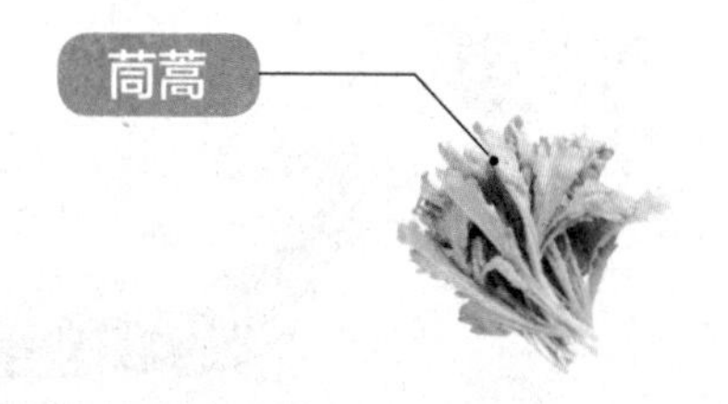

●尖叶和圆叶两个类型

蔬菜市场上有尖叶和圆叶两个类型。尖叶种叶片小，缺刻多，吃口粳性，但香味浓；圆叶种叶宽大，缺刻浅，吃口软糯。

海虾

●虾壳是否硬挺有光泽

挑选时应注意虾壳是否硬挺有光泽，虾头、壳身是否紧密附着虾体，坚硬结实，有无剥落。

厨具保养，得意用具做美味

和人的身体一样，厨房用具使用久了也会“生病”。
在家做养生菜，没有一套健全的厨具，做起菜来也不能得心应手，
想要的养生菜也不能很好地完成。所以，厨具保养非常重要。

厨房刀具的保养

刀具每次使用完后，应立刻用清水清洗刀面，再用抹布擦干，放置于通风干燥处，以防生锈。刀具按不同用途分开使用，不宜切、削木材等硬物。为保持刀具的长久锋利，建议购买磨刀棒或磨刀器，方便自行磨刀。另外，不要用手指划刀刃去试探刀具是否锋利，以免割伤。

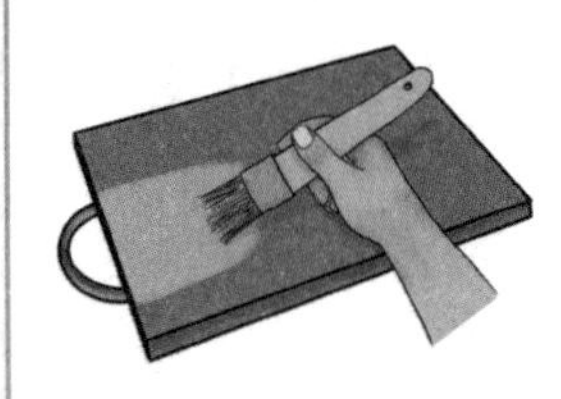

砧板防裂小技巧

新买的砧板应立即涂上油以防使用过程中出现开裂。做法是在砧板上下两面及周边涂上油，待油吸干后再涂，以此三四遍即可。因砧板周边较易开裂，可反复多涂几遍，油干后即可使用。因为油的渗透力强，又不易挥发，可以长期润泽木质，从而起到防止砧板爆裂的目的。

新铁锅如何用

新买的铁锅要进行“开锅”处理，首先准备好一块生肥猪肉，将新铁锅洗净烘干。接着放入生肥猪肉，以内圈到外圈的方式呈螺旋状在锅内壁不停地擦拭，大约持续5分钟后将猪油倒掉，用厨房用纸擦干净，再用热水洗净并擦干。如此重复3~4次，以溢出的猪油不再变黑时即可。

筷子筒和刀架要透气

筷子与口腔的接触最直接、最频繁，存放时要保证通风干燥，最好是选择不锈钢丝做成的、透气性良好的筷筒，并把它钉在墙上或放在通风处，这样能很快把水沥干。另外，把菜刀放在不通风的抽屉和刀架里也是不可取的，同样应该选择透气性良好的刀架。

勺锅铲高挂一举多得

长柄汤勺、漏勺、锅铲等都是做菜熬汤时的好帮手，但很多人习惯把这些用具放到抽屉里，或放在锅和炒勺里，并盖上盖子，这同样不利于保持干燥。在吊柜和厨柜之间，或在墙上方便的地方安装一根结实的横杆，并在横杆上装上挂钩，把清洗后的锅铲、漏勺、打蛋器、洗菜篮等挂在上面。

燃气灶的保养

燃气灶要用质地较细的去污剂清理，喷嘴如有堵塞现象，影响燃气出火时，可用细铁丝刷去碳化物，并将出火口逐一清洁，最后用毛刷将污垢刷掉。烹调时，应注意火苗的颜色变化，正常情形火苗应呈现蓝色，若呈现红色或黄色时，表示燃气燃烧不完全，可调节风门的进风量来达到最佳燃烧效果。

抽油烟机巧清洁

抽油烟机注重平时的保养，当煮完最后一道菜时，不要马上关掉开关，让抽油烟机将剩余的油气尽量排出。关掉开关后，顺手擦拭油烟机表面，此时油气尚热，最易清洁。对于涡轮式抽油烟机，可使用厨房油污清洁剂喷入抽油烟机内，待清洁剂作用后，再打开抽油烟机开关，利用离心力将软化的油污去除。

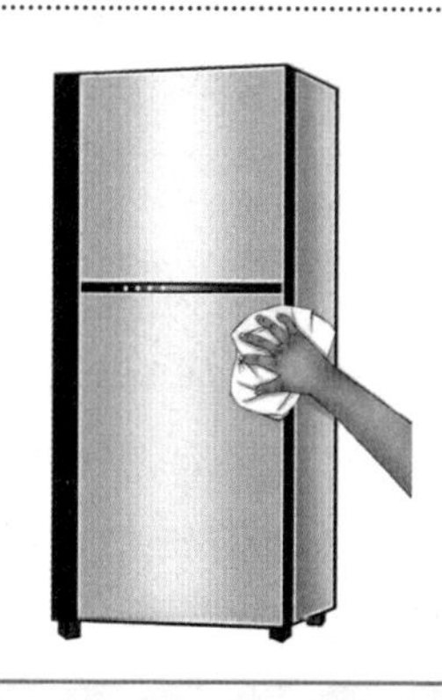

消毒柜勤保养

消毒柜的日常保养与维护应在柜体内部冷却后再进行，以免烫伤。消毒柜在使用后，应该经常用洁净的柔软抹布或软刷沾用温水稀释的中性清洁剂清洗内胆、柜门及碗架等部分的赃污，再用干布抹干。请不要使用强力清洁剂或带有研磨料的去污粉，否则有可能使表面出现退色或失去光泽。擦洗时请不要用力过猛，也不要敲击，否则有可能会引起损坏或变形。

炒菜炖汤，好吃好喝有秘诀

如何炒菜才能更香更好吃；如何炖汤才能更鲜更好喝？
相信这是很多下厨新手最想咨询的问题。
大家继续往下看，炒菜炖汤的不传秘诀即将公布。

炒菜好吃的秘诀

食材要切均匀

入锅炒的食材，不论是切丝、切丁或切块，都要切得大小一样，才能使材料在短时间内均匀炒热。不易熟的食材要先放入锅中，炒至略热后，再把容易炒熟的材料下锅一起均匀炒熟。

出锅时放盐

青菜在制作时应少放盐，否则容易出汤，导致水溶性维生素丢失。炒菜出锅时再放盐，这样盐分不会渗入菜中，而是均匀撒在表面，能减少摄盐量；或把盐直接撒在菜上，舌部味蕾受到强烈刺激，能唤起食欲。

放醋有讲究

凡需要加醋的热菜，在起锅前将醋沿锅边淋入，比直接淋上香味更加醇厚浓郁。

味精或鸡精的使用

味精和鸡精都是增加菜品新鲜味道的调料，一般都是在快要出锅时适量加入，鸡精本身含有盐分，所以炒菜时如果用了鸡精，用盐量一定要减少。

去除蔬菜的苦涩味

萝卜、苦瓜等带有苦涩味的蔬菜，切好后加少量盐渍一下，滤出汁水再炒，苦涩味会明显减少。菠菜在开水中烫后再炒，可去苦涩味和草酸。

炖汤好喝的秘诀

选料要得当

这是制好鲜汤的关键所在。用于制汤的原料，通常为动物性原料，如鸡肉、鸭肉、猪瘦肉、猪肘子、猪骨、火腿、板鸭、鱼类等。采购时应注意必须鲜味足、异味小、血污少。

下料

肉类要先汆一下，去掉肉中残留的血水，保证煲出的汤色正。鸡要整只煲，可保证煲好汤后鸡肉细腻不粗糙。另外，不要过早放盐，盐会使肉里含的水分很快跑出来，也会加快蛋白质的凝固。

火候要适当

炖汤火候的要诀是大火烧沸，小火慢炖。这样可使食物蛋白质浸出物等鲜香物质尽可能地溶解出来，使汤鲜醇味美。只有用小火长时间慢炖，才能使浸出物溶解得更多，既清澈，又浓醇。

炊具要选择

制鲜汤以陈年瓦罐炖煮效果最佳。瓦罐通气性、吸附性好，还具有传热均匀、散热缓慢等特点。炖制鲜汤时，瓦罐能均衡而持久地把外界热传递给内部原料，相对平衡的环境温度，有利于水分子与食物的相互渗透，这种相互渗透的时间维持得越长，鲜香成分溶出得越多，汤的滋味鲜醇，食品质地越酥烂。

厨房卫生，环境优雅饮食开心

俗话说“病从口入”，
疾病的产生都是口腔摄入不干净的东西所致。
既然咱们要做养生菜，消除污染、整洁厨房是必须的。

厨房大扫除，清洁有妙招

瓷砖清洁

当瓷砖上沾满又厚又重的油污时，可以将卫生纸或纸巾贴覆在磁砖上，再喷洒清洁剂放置一会儿，这样清洁剂不会滴得到处都是，而且油垢会全部浮上来。只要将卫生纸撕掉，再用干净的布沾清水多擦拭几次即可。至于去不掉的顽垢，则可用棉布取代卫生纸。

水池清洁

橱柜的水池既要洗菜还要洗碗，容易沾染洗碗水中的油垢，如果没有专门的水池清洁剂，在有油污的地方撒一点盐，然后用废旧的保鲜膜上下擦拭，擦拭后用温水冲洗几遍，也能让水池光亮如新。水池的四周弯角和下水处可以准备专门的小刷子或者牙刷用细盐、肥皂水、清洁剂擦拭，下水处的水盖也最好用温肥皂水浸泡20~30分钟，达到理想的去污效果。

碗盆器皿的清洁

长期使用的玻璃器皿，例如油瓶等如果没有很多污垢，可用茶叶渣洗擦。擦洗有印花图案的玻璃器皿可以用薄绵纸，避免用洗洁精清洗，以免腐蚀器皿的印花图案。如果油垢较厚并有异味，可以将鸡蛋壳捣碎后放入瓶中，加少量温水盖紧瓶盖，上下摇晃1分钟左右，然后倒出蛋壳残渣，用清水冲洗干净。铝质锅盆有积垢时，可用乌贼鱼骨轻擦，即可光洁如新。搪瓷器皿的陈年积垢，可用刷子蘸少许牙膏擦拭，效果很好。

水龙头清洁

水龙头上有难以清除的水渍怎么办？将一片新鲜的柠檬在水龙头上转圈，擦拭几次便能清除。用一只水分充足的橙子皮，也能起到强效去污的作用，用橙子皮带颜色的一面搓水龙头的顽渍，就能轻松除去。

冰箱清洁

为使冰箱表面看起来更加亮，可以使用家具护理喷蜡，而门边较难处理的细缝处，可以用牙刷清洁，冰箱内部，则可以用稀释的漂白水擦拭，既干净又可达到杀菌的功效。

厨房窗纱的清洁

清洗厨房油腻的窗纱，可用加热后的稀面糊反复几次刷在窗纱两面，10多分钟后，再用水刷掉面糊，窗纱上的油腻便可刷洗干净；也可用不起毛的布沾碱水反复刷洗，油垢刷净后，再用清水刷洗一遍。这两种方法，如一次清洗不净，可按原法重复一次，直到清洁为止。

微波炉清洁

微波炉内部表面、炉门的前后及炉门开口处，可使用软布、温水及温和的清洁剂清洗，切勿使用金属刷和腐蚀性清洗剂。对炉内壁的清洗，可使用卫生棉球，蘸医用酒精或高度白酒擦洗，因为酒精挥发快，且有杀菌的作用。需要注意的是右边云母片应细心擦干净，因为这是微波炉的加热口。应该取下转盘、转盘支架进行单独清洗，也可使用酒精或白酒进行擦拭，配合湿布反复擦洗。若玻璃转盘和轴环是热的，要等到冷却后再进行处理。

如果微波炉上的污垢积淀太多，可以用微波炉专用容器装好水，加热几分钟，先让蒸发的水分湿润一下炉内的污渍，再用洗涤剂把油污或酒精完全洗净。

去除锅具污垢的实用妙招

我们的厨房里经常会用到各种锅具，但是这些锅用久了就会产生一些难以去除的污垢，怎样去除这些污垢是让大家头疼的问题，下面就给大家整理一些去除锅具污垢的实用妙招。

不锈钢锅

不锈钢锅很容易产生黑垢，不容易清洗，如果是锅里面的黑垢，我们可以在锅里放上清水，再放几片菠萝皮，水要没过黑垢的位置，开火煮20分钟左右，放凉清洗，黑垢就能去除，恢复光亮。如果是锅外面的黑垢，就要准备更大的锅了，方法和上面一样，只是把带有黑垢的小锅放到大锅里煮就可以了。

高压锅

处理高压锅上留下的污垢时，可以把用完的牙膏剪开，保留上面的牙膏，用牙膏皮直接擦拭高压锅的表面，然后用清水把牙膏和污垢一起冲洗干净。还可以用少量食醋涂抹在污渍上，等过一段时间后用洗洁布擦拭，再用清水擦洗干净。

砂锅

砂锅上沾有不好清洗的油污时，可以用喝剩的茶叶渣在砂锅的表面多擦拭几遍，就能将油垢去除。对付其他污垢时，可以在锅里倒入一些米汤浸泡，然后加热，再用刷子把锅里的污垢刷净。

铁锅

锅里有铁锈，可以在铁锅里加一些水，放一些新鲜的韭菜，给锅加温的同时用铲子将韭菜压在铁锅里擦拭锅底，即可除去铁锈。

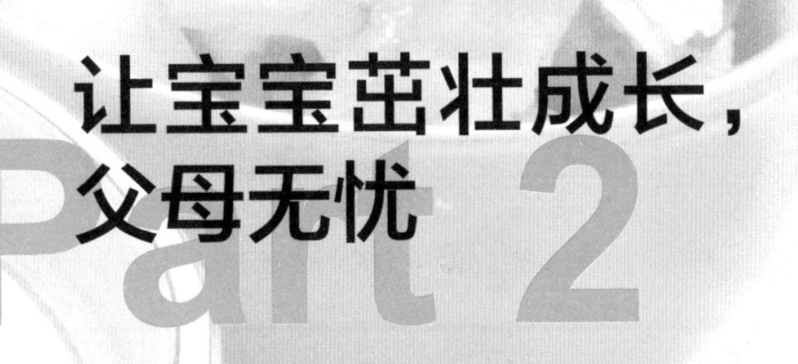

Part 2 让宝宝茁壮成长，父母无忧

宝宝健康是全家人的幸福。随着宝宝的成长，会出现很多问题困扰父母。如何让宝宝更好地成长发育？如何让宝宝吃饭香，不挑食、不厌食？如何让宝宝聪明健康，学习棒棒？如何让宝宝在繁重的学业下不伤眼睛？下面就向各位父母介绍如何为宝宝做营养、可口的养生家常菜吧！

益智健脑

宝宝刚出生时的大脑只有成人大小的1/4，2岁长到成人大小的3/4，到5岁就会和成人大脑的大小及容量非常接近了，在这个过程中给宝宝补脑很重要。

饮食建议

父母应多给孩子吃些能增强记忆力、强化注意力的食物，如花生、鱼类、鸡蛋、牛奶、小米、菠菜等，以及富含锌的食物，如牡蛎、核桃、鸡蛋黄、芝麻等。日常饮食切勿单调，要注意食物颜色和形状的多样化。

最佳搭配

✔核桃仁+枸杞=养血健脑、润肺滋阴

✔花生+黑米=健脾补肾、增强记忆

✔三文鱼+猕猴桃=生津止渴、益智健脑

✔黑芝麻+黄豆=乌发明目、补肾健脑

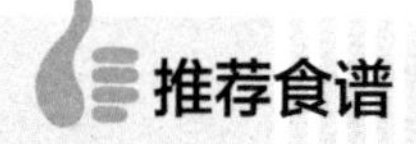

推荐食谱

烹饪时间16分钟；口味清淡

枸杞核桃豆浆

原料 ○2人份

水发黄豆50克，核桃仁5克，枸杞5克

做法

❶ 将已浸泡8小时的黄豆倒入碗中，注入清水洗净，倒入滤网，沥干水分。

❷ 将枸杞、核桃仁、黄豆倒入豆浆机中，注入适量清水，盖上豆浆机机头，选择“五谷”程序，再选择“开始”键，开始打浆。

❸ 待豆浆机运转约15分钟，即成豆浆，把煮好的豆浆倒入滤网中，滤取豆浆，倒入碗中即可。

枸杞核桃粥

烹饪时间62分钟；口味甜

原料 ○2人份

水发粳米100克，核桃仁20克，枸杞10克

调料

白糖10克

做法

1. 砂锅中注入适量清水烧开，倒入备好的粳米，放入核桃仁，拌匀。
2. 盖上盖，烧开后用小火煮约60分钟，至食材熟透。
3. 揭盖，撒上洗净的枸杞，加入白糖，搅拌匀，用中火略煮至糖熔化。
4. 关火后盛出煮好的枸杞粥，装在碗中即可。

小叮咛 核桃仁营养价值较高，含有蛋白质、维生素A、维生素B_1、维生素B_2、糖类、钙、磷、铁等成分，具有益智健脑、润肠通便等功效。

烹饪时间20分钟；口味甜

桂圆花生黑米糊

原料 ○2人份

水发大米120克，水发花生米90克，水发黑米80克，桂圆肉25克

调料

白糖20克

做法

1. 取榨汁机，选择搅拌刀座组合，把大米、花生、黑米倒入搅拌杯中，加入纯净水。
2. 盖上盖，选择搅拌功能，搅成浆汁，把搅拌好的米浆倒入碗中。
3. 砂锅中注入清水，放入洗净的桂圆肉，煮约10分钟，至桂圆熟软。
4. 加入白糖、米浆，拌匀，煮约8分钟，至米糊黏稠，盛出煮好的米糊，装入碗中即可。

小叮咛 花生含有蛋白质、脂肪、糖类、维生素A、维生素E及钙、铁、磷等营养成分，具有滋润皮肤、益智、润肺等作用。

烹饪时间16分钟；口味甜

糙米花生浆

原料 ○2人份

水发糙米70克，花生米20克

调料

白糖适量

做法

❶ 把已浸泡4小时的糙米、花生米装入碗中，倒入清水洗净，倒入滤网中，沥干水分。

❷ 将洗净的糙米、花生米倒入豆浆机中，注入适量清水，盖上豆浆机机头，选择“五谷”程序，再选择“开始”键，开始打浆，待豆浆机运转约15分钟，即成豆浆。

❸ 把煮好的豆浆倒入碗中，撒上适量白糖，搅拌均匀即可。

烹饪时间183分钟；口味鲜

核桃花生木瓜排骨汤

原料 ○2人份

核桃仁30克，花生30克，红枣25克，排骨块300克，青木瓜150克，姜片少许

调料

盐2克

做法

❶ 洗净的木瓜切块；锅中注清水烧开，倒入排骨块，汆片刻，捞出沥干水分，装盘。

❷ 砂锅中注入适量清水，倒入排骨块、青木瓜、姜片、红枣、花生、核桃仁，拌匀，大火煮开转小火煮3小时至食材熟透。

❸ 加入盐，搅拌片刻至入味，盛出煮好的汤，装入碗中即可。

烹饪时间20分钟；口味清淡

猕猴桃三文鱼炒饭

原料 ○3人份

冷米饭170克，去皮猕猴桃130克，三文鱼90克，蛋液65克，葱花少许

调料

盐、鸡粉各2克，白胡椒粉3克，料酒、生抽各5毫升，食用油适量

做法

❶ 洗净的猕猴桃切丁；洗好的三文鱼去皮，切丁。

❷ 取一碗，放入三文鱼，加入1克盐、白胡椒粉、料酒，拌匀，腌渍15分钟，备用。

❸ 用油起锅，放入三文鱼，炒香，倒入米饭，炒散，倒入蛋液，炒匀。

❹ 加入生抽、1克盐、鸡粉，炒入味，倒入猕猴桃、葱花，炒匀即可。

小叮咛 三文鱼含有不饱和脂肪酸、蛋白质、维生素A、胆固醇、磷、钾、钠、镁等营养成分，具有降低血脂、促进生长发育等功效。

烹饪时间42分钟；口味清淡

三文鱼蒸饭

原料 ○2人份

水发大米150克，金针菇50克，三文鱼50克，葱花、枸杞各少许

调料

盐3克，生抽适量

做法

❶ 洗净的金针菇切去根部，切成小段；洗好的三文鱼切丁。

❷ 将三文鱼放入碗中，加入盐，拌匀，腌渍片刻。

❸ 取一碗，倒入大米，注入适量清水，加入生抽、鱼肉，拌匀，放入金针菇，拌匀。

❹ 蒸锅中注清水烧开，放上碗，中火蒸40分钟至熟，取出蒸好的饭，撒上葱花，放上枸杞即可。

小叮咛 金针菇含有膳食纤维、蛋白质和多种维生素、矿物质，搭配三文鱼食用，具有益智开窍、促进发育等功效。

烹饪时间4分钟；口味鲜

火腿炒鸡蛋

原料 ○3人份

鸡蛋80克，火腿肠75克，黄油8克，西蓝花20克

调料

盐1克

做法

❶ 火腿肠去包装，切片，切条，改切成丁；洗净的西蓝花切成小块。

❷ 取一碗，打入鸡蛋，加入盐，将鸡蛋打散成蛋液。

❸ 锅置火上，放入适量黄油，烧至熔化，倒入蛋液，炒匀。

❹ 放入切好的西蓝花，炒约2分钟至熟；倒入火腿丁，翻炒1分钟至香气飘出；关火后盛出炒好的菜肴，装盘即可。

小叮咛 鸡蛋含有蛋白质及锌、钾、镁、钠等微量元素，还含有人体必需的八种氨基酸，具有增强体质、益气补虚、健脑益智等多种功效。

烹饪时间22分钟；口味甜

牛奶蒸鸡蛋

原料 ○2人份

鸡蛋2个，牛奶250毫升，提子、哈密瓜各适量

调料

白糖少许

做法

❶ 把鸡蛋打入碗中调匀；将洗净的提子对半切开；用挖勺将哈密瓜挖成小球状，装入盘中，待用。

❷ 把白糖倒入牛奶中，搅匀，再加入蛋液中搅匀。

❸ 取出电饭锅，倒入适量清水，放上蒸笼，放入调好的牛奶蛋液，选定“蒸煮”功能，蒸20分钟。

❹ 取出蒸好的菜肴，放上切好的提子和挖好的哈密瓜即可。

小叮咛 牛奶含有丰富蛋白质、钙、钾、镁、钠等营养成分，具有增强体质、益气补虚、健脑益智、延缓衰老等功效。

烹饪时间6分钟；口味淡

蚕豆芝麻奶昔

原料 ○2人份

蚕豆30克，芝麻糊60克，酸奶80毫升，牛奶50毫升

调料

黑糖10克

做法

1. 沸水锅中倒入洗净的蚕豆，煮约5分钟至其断生，捞出蚕豆，装碟放凉。
2. 将放凉的蚕豆对半切开，去皮，倒入榨汁机中，倒入酸奶、牛奶、芝麻糊、黑糖。
3. 盖上盖，启动榨汁机，榨约30秒成奶昔，断电后揭开盖，将奶昔倒入杯中即可。

烹饪时间16分钟；口味甜

核桃黑芝麻豆浆

原料 ○2人份

水发黄豆50克，核桃仁、黑芝麻各15克

调料

白糖10克

做法

1. 将已浸泡8小时的黄豆倒入碗中，加入适量清水洗净，倒入滤网，沥干水分。
2. 把洗好的黄豆、黑芝麻、核桃仁倒入豆浆机中，注入适量清水，盖上豆浆机机头，选择“五谷”程序，再选择“开始”键，开始打浆。
3. 待豆浆机运转约15分钟，即成豆浆，把煮好的豆浆倒入滤网，滤取豆浆，倒入杯中，加入白糖拌匀，撇去浮沫即可。

枸杞百合蒸木耳

烹饪时间6分钟；口味淡

原料 ○2人份

百合50克 ，枸杞5克，
水发木耳100克

调料

盐1克，芝麻油适量

做法

❶ 取空碗，放入泡好的木耳，倒入洗净的百合、枸杞。

❷ 淋入芝麻油，加入盐，搅拌均匀，将拌好的食材装盘。

❸ 备好已注清水烧开的电蒸锅，放入食材，加盖，调好时间旋钮，蒸5分钟至熟。

❹ 揭盖，取出蒸好的枸杞百合蒸木耳即可。

小叮咛 木耳含有蛋白质、脂肪、多糖和钙、磷、铁等元素以及胡萝卜素、B族维生素等营养成分，具有预防缺铁性贫血、促进大脑发育等作用。

增强免疫力

半岁至一岁半的宝宝的天生免疫力逐渐耗尽；以后需要宝宝自身获得免疫力，直到三岁，宝宝所获得的免疫力达到成人的90%。因此，半岁至三岁的宝宝免疫力最脆弱。

饮食建议

建议父母给宝宝的日常饮食一定要做到食物多样化，多吃新鲜蔬菜和水果，来补充维生素C，如猕猴桃、橙子等。常吃鱼、禽、蛋、瘦肉以及每天饮奶。常吃大豆及其制品，可以增加优质蛋白的摄入量。

最佳搭配

✔猕猴桃+杏仁=润肺止咳、增强免疫力

✔西红柿+黄瓜=生津止渴、增强免疫力

✔柠檬+蜂蜜=开胃消食、滋阴润燥

✔紫甘蓝+海蜇=补充维生素C、祛斑美白

推荐食谱

烹饪时间3分钟；口味甜

蚕豆猕猴桃杏仁奶

原料 ○2人份

去皮猕猴桃100克，蚕豆50克，酸奶100毫升

调料

杏仁粉30克，蜂蜜20毫升

做法

❶ 洗净去皮的猕猴桃切成块状；锅中注清水烧开，倒入蚕豆，汆煮断生，捞出，沥干水分，放入凉水，去除表皮。

❷ 备好榨汁机，倒入猕猴桃块、去皮蚕豆，倒入杏仁粉、酸奶，倒入适量凉开水，调转旋钮至1挡，榨取杏仁奶。

❸ 将榨好的杏仁奶倒入杯中，淋上备好的蜂蜜即可饮用。

烹饪时间1分30秒；口味清淡

开心果西红柿炒黄瓜

原料 ○2人份

开心果仁55克，黄瓜90克，西红柿70克

调料

盐2克，橄榄油适量

做法

❶ 将洗净的黄瓜去除瓜瓤，切段；洗好的西红柿切开，再切小瓣。

❷ 煎锅置火上，淋入少许橄榄油，大火烧热，倒入黄瓜段，炒匀炒透。

❸ 放入西红柿翻炒一会儿，至其变软，加入盐，炒匀调味，再撒上开心果仁。

❹ 用中火翻炒一会儿，至食材入味即可。

小叮咛 开心果仁有较好的滋补作用，含有维生素A、叶酸、烟酸、泛酸、铁、磷、钾、钠、钙等多种矿物质，具有抗衰老、增强免疫力等作用。

烹饪时间3分30秒；口味鲜

西红柿饭卷

原料 ○3人份

冷米饭400克，西红柿200克，鸭蛋40克，玉米粒30克，胡萝卜30克，洋葱25克，葱花少许

调料

白酒10毫升，盐、鸡粉、食用油各适量

做法

❶ 洗净去皮的胡萝卜切成粒；处理好的洋葱切粒；洗净的西红柿切瓣，去皮切丁。

❷ 玉米粒焯水断生；取碗，倒入葱花，打入鸭蛋，加盐、白酒，搅匀打散，待用。

❸ 起油锅，倒入洋葱、胡萝卜、玉米、西红柿，炒匀，加盐、鸡粉，炒匀调味，倒入冷米饭翻炒匀，盛出。

❹ 煎锅注油烧热，倒入鸭蛋液，煎成蛋饼，盛出，铺上炒好的米饭，卷成卷，切成小段，装入盘中，装饰一下即可。

小叮咛 西红柿含有蛋白质、糖类、有机酸、纤维素、维生素等成分，具有开胃消食、生津止渴、预防感冒等功效。

烹饪时间2分钟；口味酸

橘子红薯汁

原料 ○2人份

橘子2个，去皮熟红薯50克，肉桂粉少许

做法

1. 红薯切块；橘子剥皮，去筋，剥成小瓣，待用。
2. 将红薯块倒入榨汁机中，放入橘子瓣，注入80毫升的凉开水。
3. 盖上盖，启动榨汁机，榨约15秒成蔬果汁，断电后揭开盖，将蔬果汁倒入杯中，放上肉桂粉即可。

烹饪时间2分钟；口味甜

西红柿柠檬蜜茶

原料 ○2人份

西红柿150克，柠檬20克，红茶100毫升

调料

蜂蜜20毫升

做法

1. 柠檬去皮，去核，切块；西红柿切瓣，去皮，切块；红茶过滤出茶水，待用。
2. 将西红柿块和柠檬块倒入榨汁机中，加入红茶，盖上盖，启动榨汁机，榨约15秒成蔬果茶。
3. 断电后揭开盖，将蔬果茶倒入杯中，淋上蜂蜜即可。

烹饪时间2分钟；口味清淡

紫甘蓝拌海蜇丝

原料 ○2人份

紫甘蓝160克，白菜160克，水发海蜇丝30克，香菜20克，蒜末少许

调料

盐2克，鸡粉2克，白糖3克，芝麻油8毫升，陈醋10毫升

做法

1. 洗净的白菜切细丝；洗好的紫甘蓝切细丝；洗净的香菜切成碎末。
2. 锅中注清水烧开，加入1克盐，倒入海蜇丝，煮约1分钟，捞出；倒入白菜、紫甘蓝，煮约半分钟，捞出。
3. 取一个大碗，倒入白菜、紫甘蓝，加入1克盐、鸡粉、白糖，淋入芝麻油、陈醋，撒上蒜末、香菜，搅拌均匀。
4. 倒入海蜇丝，搅拌均匀，至其入味，将拌好的食材装入盘中即可。

小叮咛 紫甘蓝含有维生素C、维生素E、膳食纤维、钙、磷、铁等营养成分，具有增强免疫力、促进消化、美容益肤等功效。

烹饪时间1分30秒；口味甜

橙盅酸奶水果沙拉

原料 ○2人份

橙子1个，猕猴桃肉35克，圣女果50克，酸奶30毫升

做法

❶ 将备好的猕猴桃肉切小块；洗好的圣女果对半切开。

❷ 洗净的橙子切去头尾，用雕刻刀从中间分成两半，取出果肉，制成橙盅，再把果肉改切小块，待用。

❸ 取一大碗，倒入圣女果，放入橙子肉块，撒上猕猴桃肉，快速搅拌至食材混合均匀。

❹ 另取一盘，放上做好的橙盅，摆整齐，再盛入拌好的材料，浇上酸奶即可。

小叮咛 猕猴桃含有猕猴桃碱、蛋白水解酶、葡萄酸、果糖、柠檬酸、单宁、果胶、钙、钾、硒、锌、锗等营养元素，具有稳定情绪、帮助消化等作用。

烹饪时间2分钟；口味清淡

橙子南瓜羹

原料 ○2人份

南瓜200克，橙子120克

调料

冰糖适量

做法

❶ 洗净去皮的南瓜切成片；洗好的橙子切去头尾，切开，切取果肉，剁碎。

❷ 蒸锅上火烧开，放入南瓜片，烧开后用中火蒸至南瓜软烂，取出放凉，放入碗中，捣成泥状，待用。

❸ 锅中注清水烧开，倒入冰糖，煮至熔化，倒入南瓜泥，快速搅散，倒入橙子肉，搅拌匀，用大火煮1分钟，撇去浮沫即可。

烹饪时间62分钟；口味鲜

东北家常酱猪头肉

原料 ○3人份

猪头肉400克，干辣椒20克，花椒15克，八角、桂皮、姜片、香葱各少许

调料

黄豆酱30克，生抽5毫升，盐3克，老抽3毫升，食用油适量

做法

❶ 猪头肉入沸水锅汆煮去味，捞出。

❷ 热锅注油烧热，倒入八角、桂皮、干辣椒、花椒、黄豆酱，翻炒片刻，注入清水，加入生抽、盐，搅匀。

❸ 倒入姜片、香葱、猪头肉，淋入老抽，烧开后转中火煮1小时至熟透，捞出。

❹ 装入碗中放凉，切薄片，放入摆有黄瓜片做装饰的盘中，浇上锅中汤汁即可。

蒸冬瓜肉卷

烹饪时间12分钟；口味鲜

原料 ○3人份

冬瓜400克，水发木耳90克，午餐肉200克，胡萝卜200克，葱花少许

调料

鸡粉2克，水淀粉4毫升，食用油、盐各适量

做法

❶ 将泡发好的木耳切成细丝；洗净去皮的胡萝卜切成片，再切成丝；午餐肉切成片，再切成丝；洗净去皮的冬瓜切成薄片。

❷ 锅中注清水烧开，倒入冬瓜片煮断生，捞出，铺在盘中，放上午餐肉、木耳、胡萝卜，卷起，定型制成卷。

❸ 蒸锅上火烧开，放入冬瓜卷，大火蒸10分钟至熟，取出待用。

❹ 热锅注清水烧开，加盐、鸡粉、水淀粉、食用油拌匀，淋在冬瓜卷上，撒上葱花即可。

小叮咛 冬瓜含有维生素B_1、烟酸、膳食纤维、蛋白质、矿物质等成分，具有利尿消肿、排毒瘦身、增强免疫力等功效。

促进发育

充足的营养是保证小儿正常生长发育、身心健康的物质基础。儿童期对营养物质的需要高于成人，这是因为摄入的营养物质既要供应生长发育又要保证每日的活动需要。

饮食建议

蛋白质是儿童生长发育的重要物质基础，优质蛋白质的食物来源包括动物性食品和豆类及其制品。鹌鹑蛋含有丰富的磷脂类物质，处在生长发育期的儿童，每餐可添加一个鹌鹑蛋。此外，酸奶有助于儿童脑及神经系统的发育。

最佳搭配

✔木瓜+牛奶=增强免疫力、促进发育

✔豆腐+鸡蛋=健骨益智、增强免疫力

✔虾皮+老虎菜=开胃消食、补充钙质

✔牛肉+草菇=强壮身体、健脾和胃

推荐食谱

烹饪时间17分钟；口味甜

木瓜炖奶

原料 ○2人份

木瓜1个，牛奶80毫升

调料

白糖60克

做法

1. 木瓜选一侧作为底座，切平整，另一侧切开一个盖子。
2. 用勺子将木瓜瓤挖掉，制成木瓜盅，把牛奶倒入木瓜盅内，放入白糖，盖上盖子，制成生坯。
3. 把生坯放入烧开的蒸锅，大火炖15分钟，把做好的木瓜炖奶取出即可。

烹饪时间2分钟；口味清淡

豆瓣酱炒脆皮豆腐

原料 ○2人份

脆皮豆腐80克，豆瓣酱10克，青椒25克，红椒50克，蒜苗段、姜片、葱段、蒜末各少许

调料

鸡粉2克，生抽4毫升，水淀粉4毫升，食用油适量

做法

❶ 将脆皮豆腐切小块；洗净的青椒、红椒切开，去籽，再切成小块，备用。

❷ 热锅注油，倒入姜片、蒜苗梗、蒜末、葱段，爆香，放入豆瓣酱，快速翻炒均匀。

❸ 倒入脆皮豆腐，翻炒一会儿，倒入蒜苗叶、青椒、红椒，加入鸡粉、生抽，翻炒匀。

❹ 倒入水淀粉，续炒一会儿，使食材更入味即可。

小叮咛 脆皮豆腐含有蛋白质、维生素B_1、维生素B_6、叶酸、钙、锌、磷等营养成分，具有清热解毒、开胃消食、促进发育等功效。

烹饪时间4分钟；口味辣

家常香煎豆腐

原料 ○2人份

豆腐240克，熟白芝麻20克，辣椒粉12克，蒜末、葱花各少许

调料

盐3克，鸡粉2克，白糖少许，芝麻油、食用油各适量

做法

1. 将洗净的豆腐切厚片。
2. 用油起锅，放入豆腐片，煎出香味，翻转豆腐片，煎两面焦黄，撒上蒜末，爆香。
3. 撒上盐，拌匀，放入辣椒粉，略煎一会儿，注入少许清水，大火煮沸，加入鸡粉、白糖，撒上葱花、熟白芝麻。
4. 滴上芝麻油，再煎煮一会儿，至食材熟透，盛入盘中，摆好盘即可。

小叮咛 豆腐含有维生素B_1、维生素B_6、烟酸以及铁、镁、钾、铜、钙、锌、磷等营养成分，具有降血压、降血脂、降胆固醇、益寿延年等功效。

烹饪时间3分钟；口味甜

桂圆桑葚奶

原料 ○2人份

桂圆肉80克，桑葚30克

调料

牛奶120毫升

做法

❶ 砂锅中注入少许清水烧开。

❷ 倒入桂圆肉、桑葚，加入牛奶，拌匀，用中火煮至沸。

❸ 关火后盛出煮好的桂圆桑葚奶即可。

烹饪时间12分30秒；口味鲜

红酒茄汁虾

原料 ○3人份

基围虾450克，红酒200毫升，蒜末、姜片、葱段各少许

调料

盐2克，白糖少许，番茄酱、食用油各适量

做法

❶ 洗净的基围虾剪去头尾及虾脚；用油起锅，倒入蒜末、姜片、葱段，爆香。

❷ 倒入基围虾炒匀，加入番茄酱，炒匀炒香，倒入红酒，炒匀，至虾身弯曲。

❸ 加入少许白糖、盐，拌匀调味，烧开后用小火煮约10分钟，至食材入味。

❹ 用中火翻炒一会儿，至汤汁收浓，盛出炒好的菜肴，装入盘中即成。

烹饪时间1分30秒；口味鲜

虾皮老虎菜

原料 ○2人份

香菜50克，大葱60克，青椒70克，红椒40克，虾皮30克

调料

盐2克，鸡粉2克，白糖3克，白醋4毫升，芝麻油3毫升

做法

❶ 洗好的香菜切段；处理好的大葱对切开，斜刀切成丝。

❷ 洗净的青椒、红椒切开，去籽，切成丝。

❸ 取一个碗，放入青椒、大葱、香菜、红椒，加入盐、白糖、白醋、芝麻油、鸡粉，拌匀。

❹ 倒入洗好的虾皮，搅拌匀，将拌好的菜肴装入盘中即可。

小叮咛 青椒含有辣椒素，有刺激唾液和胃液分泌的作用，能增进食欲，帮助消化，促进发育。

烹饪时间58分钟；口味清淡

红薯蒸排骨

原料 ○3人份

排骨段300克，红薯120克，水发香菇20克，葱段、姜片、枸杞各少许

调料

盐、鸡粉各2克，胡椒粉少许，老抽2毫升，料酒3毫升，生抽5毫升，花椒油适量

做法

1. 将去皮洗净的红薯切小块；取一大碗，倒入洗净的排骨段，撒上姜片、葱段和枸杞。
2. 碗中加盐、鸡粉、料酒、生抽、老抽、胡椒粉、花椒油，拌匀，腌渍约20分钟，待用。
3. 另取一蒸碗，依次放入姜片、葱段、枸杞、洗净的香菇、排骨段、红薯块。
4. 蒸锅上火烧开，放入蒸碗，用大火蒸至食材熟透，取出蒸碗，稍微冷却后倒扣在盘中，再取下蒸碗，摆好盘即可。

小叮咛 红薯含有蛋白质、淀粉、果胶、纤维素、糖类以及铁、锌、镁、铜等多种矿物质，具有提高免疫力、促进发育等功效。

烹饪时间37分钟；口味咸

孜然卤香排骨

原料 ○3人份

排骨段400克，青椒片20克，红椒片25克，姜块30克，蒜末15克，香叶、桂皮、八角、香菜末各少许

调料

盐2克，鸡粉3克，孜然粉4克，料酒、生抽、老抽、食用油各适量

做法

❶ 锅中注清水烧开，倒入排骨段，汆煮片刻，捞出，沥干水分，装入盘中。

❷ 用油起锅，放入香叶、桂皮、八角、姜块，炒匀，倒入排骨段，炒匀，加入料酒、生抽。

❸ 注入适量清水，加老抽、盐，拌匀，大火烧开后转小火煮至食材熟透。

❹ 倒入青椒片、红椒片，加入鸡粉、孜然粉，炒匀，倒入蒜末、香菜末，炒匀，挑出香料及姜块，将炒好的菜肴装入盘中即可。

小叮咛 排骨含有钾、磷、钠、镁、胆固醇、蛋白质、脂肪、维生素B_1、维生素E及烟酸等营养成分，具有增强免疫力、促进骨骼生长等功效。

烹饪时间4分钟；口味鲜

草菇炒牛肉

原料 ○3人份

草菇300克，牛肉200克，洋葱40克，红彩椒30克，姜片少许

调料

盐2克，鸡粉、胡椒粉各1克，蚝油5克，生抽、料酒、水淀粉各5毫升，食用油适量

做法

❶ 洗净的洋葱切块；洗好的红彩椒去籽，切块；洗净的草菇切十字花刀，第二刀切开。

❷ 洗好的牛肉切片，加食用油、1克盐、料酒、胡椒粉、2毫升水淀粉，腌渍入味。

❸ 沸水锅中倒入草菇，汆煮断生，捞出；再倒入牛肉，汆煮一会儿，捞出。

❹ 油爆姜片，放入洋葱、红彩椒、牛肉、草菇，加入生抽、蚝油，炒熟，注入清水，拌匀，加1克盐、鸡粉、3毫升水淀粉，翻炒约1分钟至收汁即可。

小叮咛 牛肉含有脂肪、B族维生素及多种氨基酸和矿物质等营养元素，具有补中益气、滋养脾胃、强健筋骨等功效。

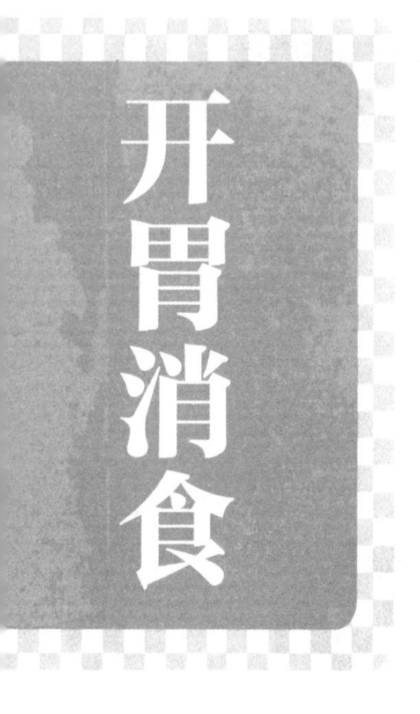

开胃消食

经常看到不少儿童厌食、挑食，甚至家长追着宝宝喂食的现象，其原因或由于宝宝的饮食习惯不好，或因为宝宝的胃口不佳。长期如此，对宝宝的成长发育不利。

饮食建议

很多宝宝不爱吃青菜，父母可以把青菜做成可爱的小动物形状。食物越来越精细会娇惯宝宝的胃，使肠胃蠕动变慢，影响宝宝的咀嚼能力和牙的生长，使牙齿变得脆弱。偶尔吃玉米粥、黑米粥，各种豆类坚果都不错。

最佳搭配

✔山药+肉末=健脾和胃、促进发育

✔胡萝卜+猕猴桃=开胃消食、增强免疫力

✔鸭胗+洋葱=刺激食欲、健脾开胃

✔山楂+麦芽=消食开胃、益气健脾

推荐食谱

烹饪时间2分钟；口味甜

柳橙芒果蓝莓奶昔

原料 ○2人份

橙汁100毫升，芒果40克，蓝莓70克，酸奶50毫升

做法

❶ 芒果取出果肉，切成小块，待用。

❷ 备好榨汁机，倒入芒果块、蓝莓，再倒入备好的酸奶、橙汁。

❸ 盖上盖，调转旋钮至1挡，榨取奶昔，打开盖，将榨好的奶昔倒入杯中即可。

烹饪时间23分钟；口味香

豉椒肉末蒸山药

原料 ○2人份

去皮山药150克，肉末100克，白菜150克，剁椒18克，葱花5克，姜末5克，豆豉5克

调料

盐3克，胡椒粉1克，料酒10毫升，橄榄油适量

做法

❶ 山药斜刀切片；将洗净的白菜叶铺在盘子底部，放上山药片。

❷ 肉末中倒入姜末，加入盐、料酒、胡椒粉，搅拌均匀，铺在白菜和山药上，放上剁椒。

❸ 取出已烧开上汽的电蒸锅，放入食材，调好时间旋钮，蒸20分钟至熟，取出蒸好的食材。

❹ 用油起锅，倒入豆豉，炸约1分钟至香味飘出，淋在蒸好的食材上，撒上葱花即可。

小叮咛 山药具有健脾补肺、和胃固肾、强筋壮骨等功效，对脾胃虚弱、倦怠无力、消渴尿频等病症有很好的食疗作用。

烹饪时间7分30秒；口味辣

麻婆山药

原料 ○2人份

山药160克，红尖椒10克，猪肉末50克，姜片、蒜末各少许

调料

豆瓣酱15克，鸡粉少许，料酒4毫升，水淀粉、花椒油、食用油各适量

做法

❶ 将洗好的红尖椒切小段；去皮洗净的山药切滚刀块。

❷ 用油起锅，倒入猪肉末，炒转色，撒上姜片、蒜末，炒出香味，加入豆瓣酱，炒匀。

❸ 倒入红尖椒，放入山药块，炒匀炒透，淋入料酒，翻炒一会儿，注入清水煮沸，淋上适量花椒油。

❹ 加入鸡粉，煮至食材熟软，用水淀粉勾芡，至材料入味即可。

小叮咛 山药含有皂苷、胆碱、淀粉、糖蛋白、多酚氧化酶、维生素C等营养成分，具有补中益气、健脾和胃等作用。

烹饪时间2分钟；口味甜

苹果橘子汁

原料 ○2人份

苹果100克，橘子肉65克

做法

❶ 橘子肉切小块；洗净的苹果切开，取果肉，切小块，备用。

❷ 取榨汁机，选择搅拌刀座组合，倒入苹果、橘子肉，注入适量矿泉水。

❸ 盖上盖，选择“榨汁”功能，榨取果汁，断电后揭开盖，倒出果汁，装入杯中即可。

烹饪时间2分钟；口味甜

胡萝卜猕猴桃汁

原料 ○2人份

胡萝卜100克，猕猴桃80克

做法

❶ 洗净去皮的胡萝卜切小块；洗净去皮的猕猴桃切成小块。

❷ 备好榨汁机，倒入胡萝卜块、凉开水，盖上盖，调转旋钮至1挡，榨取胡萝卜汁，打开盖，滤入碗中。

❸ 再将猕猴桃块倒入榨汁机，倒入少许凉开水，盖上盖，调转旋钮至1挡，榨取猕猴桃汁。

❹ 将胡萝卜汁倒入杯中，再倒入猕猴桃汁即可。

山楂豆腐

烹饪时间3分30秒；口味酸

原料 ○2人份

豆腐350克，山楂糕95克，姜末、蒜末、葱花各少许

调料

盐2克，鸡粉2克，老抽2毫升，生抽3毫升，陈醋6毫升，白糖3克，水淀粉、食用油各适量

做法

1. 山楂糕切小块；豆腐切小块。
2. 热锅注油，烧至四五成热，放入豆腐，中火炸1分30秒；放入山楂糕，炸干水分，一起捞出。
3. 锅底留油烧热，倒入姜末、蒜末，爆香；注入清水，加生抽、鸡粉、盐、陈醋、白糖，炒匀。
4. 倒入炸好的食材，炒匀；淋入老抽，炒匀上色，中火略煮至入味；淋入水淀粉勾芡；盛出装盘，撒上葱花即可。

小叮咛 山楂含多种有机酸及维生素C，具有开胃消食、活血化瘀、驱虫等功效，对胃肠运动功能具有调节作用。

山楂红豆浆

烹饪时间16分钟；口味酸

原料 ○2人份

山楂25克，水发红豆65克

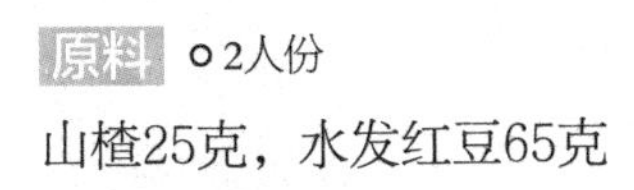

做法

❶ 洗净的山楂切去两端，去核，将果肉切成小块。

❷ 将已浸泡6小时的红豆倒入碗中，加入清水洗净，倒入滤网，沥干水分。

❸ 把山楂倒入豆浆机中，放入红豆，注入适量清水，盖上豆浆机机头，选择“五谷”程序，再选择“开始”键，开始打浆。

❹ 待豆浆机运转约15分钟，即成豆浆，把煮好的豆浆倒入滤网，滤取豆浆，倒入碗中，用汤匙撇去浮沫即可。

小叮咛 山楂含有糖类、胡萝卜素、维生素C、苹果酸、钙、铁等营养成分，具有健脾开胃、消食化滞等功效。

烹饪时间182分钟；口味清淡

山楂麦芽消食汤

原料 ○2人份

瘦肉150克，麦芽15克，蜜枣10克，陈皮1片，山楂15克，淮山1片，姜片少许

调料

盐2克

做法

❶ 洗净的瘦肉切块；锅中注清水烧开，倒入瘦肉，汆煮片刻，捞出。

❷ 砂锅中注清水，倒入瘦肉、姜片、陈皮、蜜枣、麦芽、淮山、山楂，拌匀，大火煮开转小火煮3小时至有效成分析出。

❸ 加入盐，稍稍搅拌片刻至入味，盛出煮好的汤，装入碗中即可。

小叮咛 麦芽含有淀粉酶、转化糖酶、蛋白质、B族维生素、卵磷脂、麦芽糖、葡萄糖等营养成分，具有开胃消食、健脾通乳等功效。

烹饪时间13分钟；口味鲜

洋葱炒鸭胗

原料 ○2人份

鸭胗170克，洋葱80克，彩椒60克，姜片、蒜末、葱段各少许

调料

盐3克，鸡粉3克，料酒5毫升，蚝油5克，生粉、水淀粉、食用油各适量

做法

❶ 洗净的彩椒、洋葱切开，改切成小块；洗净的鸭胗切上花刀，再切成小块。

❷ 把鸭胗装入碗中，加2毫升料酒、1克盐、1克鸡粉、生粉，腌渍约10分钟，入沸水锅汆去血水，捞出。

❸ 用油起锅，倒入姜片、蒜末、葱段，爆香，放入鸭胗炒匀，淋入3毫升料酒炒香，倒入洋葱、彩椒，炒至熟软。

❹ 加入2克盐、2克鸡粉、蚝油，炒匀调味，淋入清水，炒匀炒透，倒入水淀粉，拌炒至食材完全入味即可。

小叮咛 鸭胗的主要营养成分有蛋白质、脂肪、烟酸、维生素C、维生素E和钙、镁、铁、硒等矿物质。中医认为，鸭胗味甘、咸，性平，有健胃之效。

烹饪时间2分钟；口味酸

胡萝卜酸奶

原料 ○2人份

去皮胡萝卜200克，酸奶120毫升，柠檬汁30毫升

做法

❶ 洗净去皮的胡萝卜切厚片，待用。

❷ 榨汁机中倒入胡萝卜片，加入酸奶，倒入柠檬汁，注入60毫升凉开水。

❸ 盖上盖，榨约20秒成蔬果汁，揭开盖，将蔬果汁倒入杯中即可。

烹饪时间2分钟；口味酸

甜椒胡萝卜柳橙汁

原料 ○2人份

红彩椒50克，去皮胡萝卜50克，柳橙250克

做法

❶ 洗净去皮的胡萝卜切成块；洗净的红彩椒切成块；柳橙切瓣，去皮，切成块，待用。

❷ 将柳橙块和红彩椒块倒入榨汁机中，放入胡萝卜块，注入100毫升凉开水。

❸ 盖上盖，启动榨汁机，榨约20秒成蔬果汁，断电后揭开盖，将蔬果汁倒入杯中即可。

蒸白萝卜肉卷

烹饪时间18分钟；口味清淡

原料 ○2人份

白萝卜片150克，肉末50克，蒜末5克，姜末3克

调料

盐3克，生抽5毫升

做法

❶ 锅中注清水烧开，放入白萝卜片，焯煮至其变软后捞出，沥干水分，放凉待用。

❷ 把备好的肉末装入碗中，淋上生抽，加入盐，撒上蒜末、姜末，拌匀，腌渍一会儿，制成馅料。

❸ 取放凉的萝卜片，放入馅料包紧，用牙签固定住，制成肉卷，放在蒸盘中，摆放整齐。

❹ 备好电蒸锅，放入蒸盘，盖上盖，蒸至食材熟透，断电后揭盖，取出蒸盘即可。

小叮咛 白萝卜含有芥子油、淀粉酶、粗纤维、B族维生素、维生素C以及铁、磷、锌等营养成分，具有促进消化、增强食欲、加快胃肠蠕动、止咳化痰等作用。

近年少年儿童的近视眼发病率有所增高，年龄有所提前，由12~13岁提前到7~8岁。这就要求儿童要重视眼睛保护。少看电视，少用电脑，多做户外活动。

饮食建议

可多吃有舒肝明目作用的食物，如深海鱼、蓝莓、枸杞、西红柿、胡萝卜等。此外，一些干的海产，如鲍鱼、珍珠肉、蚌肉等都有很强的明目功效，可以用来煲汤。枸杞中胡萝卜素含量高，有维持正常视力的作用。

最佳搭配

✔红薯+牛奶=养肝明目、促进发育

✔胡萝卜+白菜=开胃消食、明目润肺

✔枸杞+蚕豆=养血健脾、开窍醒神

✔猪肝+枸杞=养肝明目、补血安神

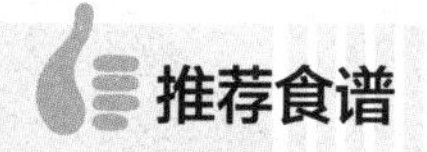

烹饪时间2分钟；口味淡

扁豆西红柿沙拉

原料 ○2人份

扁豆150克，西红柿70克，玉米粒50克

调料

白醋、橄榄油、白胡椒粉、盐、沙拉酱各适量

做法

❶ 洗净的扁豆切块；洗净的西红柿切开，去蒂，再切小块；锅中注清水烧开，倒入扁豆煮断生，捞出过凉水，捞出。

❷ 把玉米粒倒入开水中，煮至断生，捞出，过凉水，捞出，沥干水分。

❸ 将放凉后的食材装入碗中，倒入西红柿，加盐、白胡椒粉、橄榄油、白醋，搅匀，装入盘中，挤上沙拉酱即可。

烹饪时间11分钟；口味淡

红薯鸡肉沙拉

原料 ○2人份

白薯60克，红心红薯60克，鸡胸肉70克

调料

葡萄籽油适量

做法

❶ 洗净去皮的白薯切成丁；洗净去皮的红心红薯切成丁。

❷ 洗净的鸡胸肉切成条，再切成丁，待用。

❸ 锅中注清水烧开，倒入白薯丁、红心红薯丁、鸡肉丁，搅拌均匀，大火煮10分钟至熟。

❹ 淋上少许葡萄籽油，搅拌片刻，使食材入味，将拌好的菜肴盛出即可。

小叮咛 红薯含有淀粉、蛋白质、维生素、纤维素、氮、磷、钾、镁、钙等成分，具有明目护眼、促进食欲等功效。

烹饪时间22分钟；口味甜

红薯牛奶甜汤

原料 ○2人份

红薯200克，姜片少许牛奶200毫升

调料

冰糖30克

做法

❶ 洗好去皮的红薯切厚块，再切条，改切成小块，备用。

❷ 锅中注入适量清水烧开，放入姜片、冰糖、红薯，拌匀，煮约20分钟至熟。

❸ 加入牛奶，拌匀，煮至沸。

❹ 关火后盛出煮好的甜汤，装入碗中即可。

小叮咛 红薯含有维生素C、糖类、膳食纤维、钙、镁、铁等营养成分，是学龄期儿童保护眼睛的理想食材。

烹饪时间17分钟；口味鲜

双菇玉米菠菜汤

原料 ○2人份

香菇80克，金针菇80克，菠菜50克，玉米段60克，姜片少许

调料

盐2克，鸡粉3克

做法

❶ 锅中注清水烧开，放入洗净切块的香菇、玉米段和姜片，拌匀，煮至食材断生。

❷ 倒入洗净的菠菜和金针菇，拌匀，加盐、鸡粉，拌匀调味。

❸ 用中火煮约2分钟至食材熟透，盛出煮好的汤，装入碗中即可。

烹饪时间3分钟；口味清淡

白菜梗拌胡萝卜丝

原料 ○2人份

白菜梗120克，胡萝卜200克，青椒35克，蒜末、葱花各少许

调料

盐3克，鸡粉2克，生抽3毫升，陈醋6毫升，芝麻油适量

做法

❶ 将洗净的白菜梗切粗丝；洗好去皮的胡萝卜切细丝；洗净的青椒切成丝。

❷ 锅中注清水烧开，加入1克盐，倒入胡萝卜丝，煮约1分钟，放入白菜梗、青椒，再煮约半分钟，捞出。

❸ 把焯煮好的食材装入碗中，加2克盐、鸡粉，淋入生抽、陈醋、芝麻油，撒上蒜末、葱花，搅拌至食材入味即成。

烹饪时间35分钟；口味清淡

糙米胡萝卜糕

原料 ○3人份

去皮胡萝卜250克，水发糙米300克，糯米粉20克

做法

1. 洗净的胡萝卜切片，改切细条。
2. 取一碗，倒入胡萝卜条，放入泡好的糙米，加入糯米粉，注入适量清水拌匀，盛入备好的碗中。
3. 蒸锅注清水烧开，放入上述拌匀的食材，用大火蒸30分钟至熟透。
4. 取出蒸好的糙米胡萝卜糕，凉凉，倒扣在盘中，将糕点切成数块三角形即可。

小叮咛 糙米含有糖类、膳食纤维、维生素B_1、维生素B_2、钾、铁、钙等营养物质，具有滋润肌肤、抗衰老、保护视力等功效。

烹饪时间11分钟；口味淡

粉蒸胡萝卜丝

原料 ○2人份

胡萝卜170克，蒸肉米粉40克，葱花8克，蒜末适量

调料

盐2克，香油适量

做法

❶ 洗净去皮的胡萝卜切成丝，倒入碗中，加入盐、香油。

❷ 再放入蒜末，搅拌均匀，放入蒸肉米粉，搅拌片刻，倒入备好的盘中。

❸ 电蒸锅注清水烧开上汽，放入胡萝卜丝，盖上锅盖，调转旋钮定时蒸10分钟。

❹ 待10分钟后，掀开锅盖，取出胡萝卜丝，撒上备好的葱花即可。

小叮咛 胡萝卜含有糖类、叶酸、膳食纤维、胡萝卜素、维生素A、钾等成分，具有很好的保护视力的功效。

烹饪时间2分钟；口味辣

蛋丝拌韭菜

原料 ○2人份

韭菜80克，鸡蛋1个，生姜15克，白芝麻、蒜末各适量

调料

白糖、鸡粉各1克，生抽、香醋、花椒油、芝麻油各5毫升，辣椒油10毫升，食用油适量

做法

❶ 锅中注清水烧开，倒入洗净的韭菜，汆煮一会儿至断生，捞出放凉，切成小段。

❷ 洗净的生姜切成末；取一碗，打入鸡蛋，搅散，入油锅煎至两面微焦，切成丝，装碗待用。

❸ 取一碗，倒入姜末、蒜末，加入生抽、白糖、鸡粉、香醋、花椒油、辣椒油、芝麻油，拌匀，制成酱汁。

❹ 取碗，倒入韭菜、蛋丝，加入少许白芝麻、足量酱汁，拌匀，摆入盘中，浇上剩余酱汁，撒上白芝麻即可。

小叮咛 韭菜含有蛋白质、糖类、胡萝卜素、钙、磷、铁等多种营养物质，具有祛寒散瘀、补虚健胃、润肠通便等功效。

烹饪时间34分钟；口味辣

枸杞拌蚕豆

原料 ○2人份

蚕豆400克，枸杞20克，香菜10克，蒜末10克

调料

盐1克，生抽、陈醋各5毫升，辣椒油适量

做法

❶ 锅内注清水，加入盐，倒入洗净的蚕豆，放入枸杞，拌匀。

❷ 用大火煮开后转小火续煮30分钟至熟软，捞出煮好的蚕豆、枸杞，装碗待用。

❸ 另起锅，倒入辣椒油，放入蒜末，爆香，加入生抽、陈醋，拌匀，制成酱汁。

❹ 将酱汁倒入蚕豆和枸杞中，搅拌均匀，装在盘中，撒上香菜点缀即可。

小叮咛 枸杞含有胡萝卜素、维生素、酸浆红素、铁、磷、镁、锌等营养成分，具有养心滋肾、补虚益精、清热明目等功效。

烹饪时间63分钟：口味甜

糙米凉薯枸杞饭

原料 ○2人份

凉薯80克，泡发糙米100克，枸杞5克

做法

❶ 将泡发好的糙米倒入碗中，加入适量清水，没过糙米1厘米处。

❷ 蒸锅中注清水烧开，放入装好糙米的碗，大火蒸40分钟至糙米熟软。

❸ 放入切好的凉薯，铺平，撒上枸杞，转中火继续蒸20分钟至食材熟透，取出蒸好的糙米凉薯枸杞饭即可。

烹饪时间12分钟；口味鲜

枸杞炒猪肝

原料 ○2人份

猪肝200克，西芹100克，枸杞10克，姜片、蒜末、葱段各少许

调料

料酒8毫升，盐3克，鸡粉2克，生粉4克，生抽5毫升，食用油适量

做法

❶ 择洗好的西芹切段；处理好的猪肝切片，加1克盐、1克鸡粉、生粉、4毫升料酒、食用油，腌渍10分钟。

❷ 锅中注清水烧开，放入西芹，煮约1分钟，捞出沥干；油爆姜片、蒜末、葱段。

❸ 倒入猪肝，翻炒至转色，倒入西芹炒匀，加入枸杞、2克盐、1克鸡粉、4毫升料酒、生抽，快速翻炒调味即可。

酱爆猪肝

烹饪时间3分30秒；口味咸

原料 ○3人份

猪肝500克，茭白250克，青椒20克，红椒20克，蒜末、葱白、姜末各少许，甜面酱20克

调料

盐、鸡粉、生抽、料酒、水淀粉、老抽、芝麻油、食用油各适量

做法

❶ 将洗过的猪肝用清水浸泡1小时，切薄片；洗净的青椒、红椒去籽，切块；洗净的茭白去皮，切菱形片。

❷ 猪肝中加盐、生抽、料酒、水淀粉，腌渍入味；起油锅，倒入猪肝炒熟，盛出。

❸ 另起锅注油，倒入茭白炒断生，盛出；锅中续注油，倒入蒜末、姜末、甜面酱，爆香。

❹ 倒入猪肝、茭白、红椒、青椒，拌炒，加盐、鸡粉、老抽、水淀粉、芝麻油、葱白，炒匀即可。

小叮咛 猪肝含有蛋白质、维生素A、维生素E、磷、铁、锌等营养成分，具有增强免疫力、改善缺铁性贫血、保护视力等功效。

Part 3 让爷爷奶奶身体棒棒，延年益寿

随着年龄的增长，爷爷奶奶或多或少会出现身体功能下降，疾病状况层出不穷。我们经常会看到老年人满口的牙全掉光了，总是记不住事情，头发发白或者秃顶了，睡觉不安稳，总是失眠还有胃口不好，越来越消瘦。这些问题严重影响着他们的日常生活。针对这些问题，接下来的一章就会教大家如何做出对应的养生家常菜进行调理。

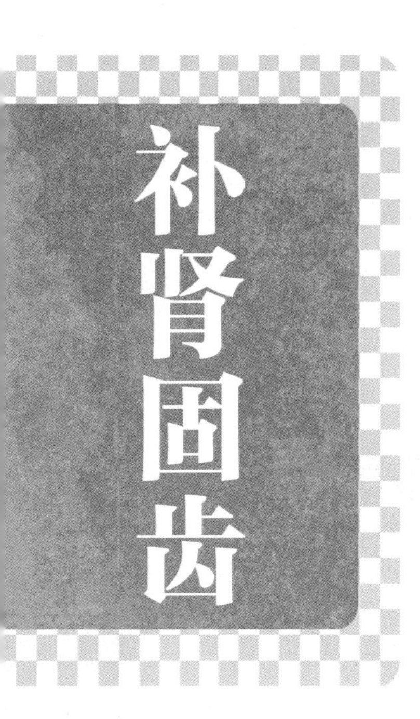

爷爷奶奶随着年岁的增长，出现肾虚在所难免，而肾虚会导致骨质代谢的衰弱，牙床是人体骨质代谢很活跃的部分，当出现骨质流失时，最先表现在牙床处。

饮食建议

宜供给充足的维生素D，因其在骨骼代谢上起着重要的调节作用。宜供应充足的钙质，如排骨、脆骨、虾皮、核桃仁等。此外，中医认为肾主骨，平时也要多进食具有补肾作用的食物，如黑豆、黑米等。

最佳搭配

✔黑豆+紫米=养血补肾、健骨益智

✔海参+虫草花=开胃消食、补肾固齿

✔板栗+花生=补肾固齿、提高免疫力

✔秋葵+鸡蛋=益气补肾、强筋固齿

推荐食谱

烹饪时间16分钟；口味甜

黑豆紫米露

原料 ○2人份

泡发黑豆40克，水发紫米50克，薏米40克，核桃仁10克，白芝麻10克，糯米40克

调料

白糖15克

做法

❶ 将备好的薏米、糯米、黑豆、紫米、芝麻、核桃仁倒入豆浆机中。

❷ 放入白糖，注入适量清水，盖上豆浆机机头，选择“快速豆浆”程序，再选择“开始”键，开始打浆。

❸ 待豆浆机运转约15分钟，即成豆浆，把煮好的黑豆紫米露倒入杯中即可。

烹饪时间3小时；口味鲜

海参干贝虫草煲鸡汤

原料 ○2人份

水发海参50克，虫草花40克，鸡肉块60克，高汤适量，蜜枣、干贝、姜片、黄芪、党参各少许

做法

❶ 锅中注清水烧开，倒入鸡肉块，汆去血水，捞出沥干，过一次冷水，清洗干净。

❷ 砂锅中倒入适量的高汤烧开，放入洗净切好的海参，倒入洗净的虫草花。

❸ 倒入鸡肉、蜜枣、干贝、姜片、黄芪、党参，搅拌均匀，烧开后转小火煮3小时至食材入味。

❹ 将煮好的汤盛出，装入碗中即可。

小叮咛 鸡肉具有温中益气、补精填髓、益五脏、补虚损、健脾胃、强筋骨的功效，适合年老者食用。

烹饪时间62分钟；口味鲜

核桃花生猪骨汤

原料 ○2人份

花生75克，核桃仁70克，猪骨块275克

调料

盐2克

做法

❶ 锅中注清水烧开，放入洗净的猪骨块，煮片刻。

❷ 关火后捞出煮好的猪骨块，沥干水分，装入盘中，待用。

❸ 砂锅中注清水烧开，倒入猪骨块、花生、核桃仁，拌匀，大火煮开后转小火煮1小时至熟。

❹ 加入盐，搅拌片刻至入味，盛出煮好的汤，装入碗中即可。

小叮咛 花生含有蛋白质、卵磷脂、糖类、维生素B_2、钙、磷、铁等营养成分，具有滋养调气、滑肠润燥等功效，此汤具有补肾固齿之功。

烹饪时间20分钟；口味咸

栗焖香菇

原料 ○2人份

去皮板栗200克，鲜香菇40克，去皮胡萝卜50克

调料

盐、鸡粉、白糖各1克，生抽、料酒、水淀粉各5毫升，食用油适量

做法

❶ 洗净的板栗对半切开；洗好的香菇切十字刀，成小块状；洗净的胡萝卜切滚刀块。

❷ 用油起锅，倒入板栗、香菇、胡萝卜，翻炒均匀，加入生抽、料酒，炒匀，注入清水，加入盐、鸡粉、白糖，充分拌匀。

❸ 用大火煮开后转小火焖15分钟使其入味，用水淀粉勾芡即可。

烹饪时间152分钟；口味甜

栗子花生瘦肉汤

原料 ○2人份

瘦肉200克，板栗肉65克，花生米120克，胡萝卜80克，玉米160克，香菇30克，姜片、葱段各少许

调料

盐少许

做法

❶ 将去皮洗净的胡萝卜切滚刀块；洗好的玉米斩成小块；洗净的瘦肉切块。

❷ 锅中注清水烧开，倒入瘦肉块，氽煮一会儿，捞出；砂锅中注清水烧热，倒入肉块，放入胡萝卜块。

❸ 倒入洗净的花生米，放入板栗肉、玉米、香菇、姜片、葱段，拌匀、搅散，煮至食材熟透。

❹ 加入盐拌匀，略煮至汤汁入味，盛出煮好的瘦肉汤，装在碗中即可。

黑豆红枣枸杞豆浆

烹饪时间15分钟；口味清淡

原料 ○2人份

黑豆50克，红枣15克，枸杞20克

做法

❶ 洗净的红枣去核，切成小块；把已浸泡6小时的黑豆倒入碗中，放入清水洗净。

❷ 把洗好的黑豆倒入滤网，沥干水分，将黑豆、枸杞、红枣倒入豆浆机中，注入清水。

❸ 盖上豆浆机机头，选择“五谷”程序，再选择“开始”键，开始打浆。

❹ 待豆浆机运转约15分钟，即成豆浆，把煮好的豆浆倒入滤网，滤取豆浆，再倒入杯中即可。

小叮咛 黑豆含有蛋白质、膳食纤维及多种维生素、矿物质成分，具有补肾益脾、排毒养颜、补血安神等功效。

酱香黑豆蒸排骨

烹饪时间61分钟，口味香

原料 ○2人份

排骨350克，水发黑豆90克，姜末5克，花椒3克

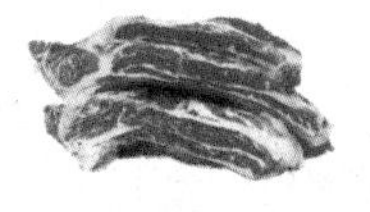

调料

盐2克，豆瓣酱40克，生抽10毫升，食用油适量

做法

❶ 将洗净的排骨装碗，倒入泡好的黑豆，放入豆瓣酱，加入生抽、盐。

❷ 倒入花椒、姜末，加入食用油，将排骨拌匀，腌渍20分钟至入味。

❸ 将腌好的排骨装盘，取出已烧开上汽的电蒸锅，放入腌好的排骨。

❹ 加盖，调好时间旋钮，蒸40分钟至熟软入味，揭盖，取出蒸好的排骨即可。

小叮咛 排骨含有蛋白质、脂肪、糖类、钙、骨胶原、骨黏蛋白等营养成分，具有滋阴壮阳、益精补血、健骨固齿等功效。

烹饪时间17分钟；口味清淡

海鲜鸡蛋炒秋葵

原料 ○2人份

秋葵150克，鸡蛋3个，虾仁100克

调料

盐、鸡粉各3克，料酒、水淀粉、食用油各适量

做法

1. 洗净的秋葵切去柄部，斜刀切小段；处理好的虾仁切成丁状。
2. 取一碗，打入鸡蛋，加入1克盐、鸡粉，搅散；把虾仁倒入碗中，加2克盐、料酒、水淀粉，拌匀，腌渍10分钟。
3. 用油起锅，倒入虾仁，炒至转色，放入秋葵，翻炒至熟，盛出装盘。
4. 用油起锅，倒入打好的鸡蛋液，放入炒好的秋葵和虾仁，翻炒至食材熟透即可。

小叮咛 秋葵含有糖类、纤维素、胡萝卜素、维生素C、维生素E及镁、钙、钾、磷等营养成分，具有保肝护肾、补肾健骨、帮助消化等功效。

烹饪时间2分钟；口味辣

凉拌秋葵

原料 ○2人份

秋葵100克，朝天椒5克，姜末、蒜末各少许

调料

盐2克，鸡粉1克，香醋4毫升，芝麻油3毫升，食用油适量

做法

❶ 洗好的秋葵切成小段；洗净的朝天椒切小圈。

❷ 锅中注入适量清水，加1克盐、食用油，烧开，倒入秋葵，拌匀，汆煮一会儿至断生，捞出装碗。

❸ 在装有秋葵的碗中加入切好的朝天椒、姜末、蒜末。

❹ 加入1克盐、鸡粉、香醋，再淋入芝麻油，充分拌匀至秋葵入味即可。

小叮咛

秋葵含有膳食纤维、铁、钙、维生素A、果胶、牛乳聚糖等多种营养物质，具有帮助消化、补肾健骨等功效。

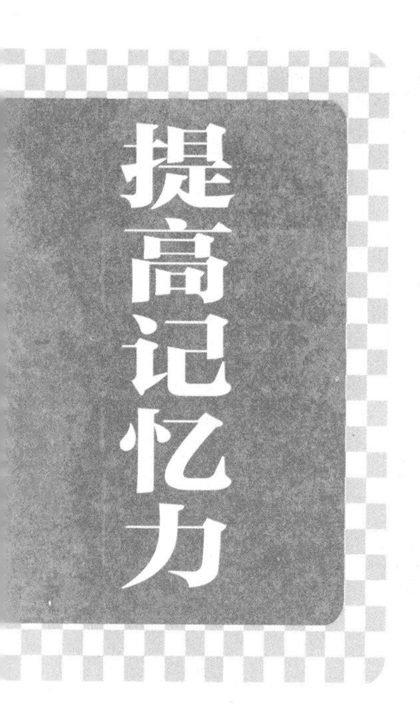

提高记忆力

老年人的记忆力随着身体各器官的老化以很慢的速度减退，这是自然规律，也是正常现象。要延缓记忆力衰退和增强记忆力，需要从饮食着手进行调理。

饮食建议

宜以富含优质蛋白质的食物为主，每日蛋白质摄入总量按0.8~1.0克/千克体重计，对营养脑细胞、增强脑功能有积极作用。此外，应多食具有改善脑代谢作用的食物，如鱼类、牡蛎、核挑、黑芝麻、枣仁、松子仁等。

最佳搭配

✔核桃仁+黄豆=益智健脑、增强记忆

✔桂圆+核桃仁=养血安神、益智健脑

✔松子+玉米=润肠通便、改善记忆

✔松子+丝瓜=安神助眠、开窍醒神

推荐食谱

烹饪时间18分钟；口味甜

蜂蜜核桃豆浆

原料 ○2人份

水发黄豆60克，核桃仁10克

调料

白糖、蜂蜜各适量

做法

❶ 把已浸泡好的黄豆、核桃仁倒入豆浆机中，注入适量清水，加入少许蜂蜜。

❷ 盖上豆浆机机头，选择“五谷”程序，再选择“开始”键，开始打浆。

❸ 待豆浆机运转约15分钟，即成豆浆，把煮好的豆浆倒入滤网，用汤匙搅拌，滤取豆浆，将豆浆倒入杯中，放入白糖拌匀至其熔化即可。

烹饪时间3分30秒；口味甜

桂花核桃糊

原料 ○2人份

核桃仁35克，核桃粉50克，桂花10克

调料

蜂蜜30毫升，水淀粉适量

做法

❶ 取木臼，放入洗净的核桃仁，捣成末，倒在小碟中，待用。

❷ 锅中注入适量清水烧开，撒上桂花，拌匀，用大火煮出花香味。

❸ 放入核桃末煮沸，倒入核桃粉，拌匀，加入蜂蜜，搅拌匀。

❹ 倒入适量水淀粉，搅拌均匀，至汤水浓稠，盛出煮好的核桃糊即可。

小叮咛 核桃含有维生素B_1、维生素B_6、叶酸、烟酸、铜、镁、钾、磷、铁等营养成分，具有益智健脑、增强记忆力、润燥滑肠、安神助眠等功效。

烹饪时间5分钟；口味鲜

桂圆核桃鱼头汤

原料 ○2人份

鱼头500克，桂圆肉20克，核桃仁20克，姜丝少许

调料

料酒5毫升，盐2克，鸡粉2克，食用油适量

做法

1. 处理好的鱼头斩成块状；热锅注油烧热，倒入鱼块，煎出焦香味。
2. 放入姜丝，爆出香味，淋入料酒，翻炒提鲜。
3. 注入适量清水，放入备好的桂圆肉、核桃仁，煮沸后转小火煮约2分钟。
4. 放入盐、鸡粉，搅匀，煮至入味，将煮好的鱼汤盛出装入碗中即可。

小叮咛 桂圆肉含有葡萄糖、蔗糖、维生素C及多种微量元素，具有开胃益脾、养血安神、补虚长智等功效。

烹饪时间17分钟；口味甜

红枣芋头汤

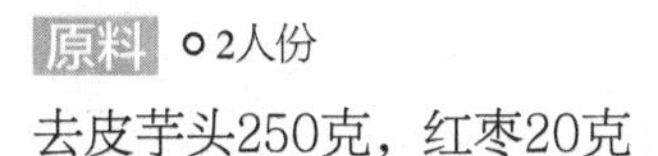

原料 ○2人份

去皮芋头250克，红枣20克

调料

冰糖20克

做法

❶ 洗净的芋头切厚片，再切粗条，改切成小丁。

❷ 砂锅注入适量清水烧开，倒入芋头、红枣，用大火煮开后转小火续煮15分钟至食材熟软。

❸ 倒入冰糖，搅拌至熔化，盛出煮好的甜汤，装碗即可。

烹饪时间27分钟；口味清淡

粉蒸芋头

原料 ○3人份

去皮芋头400克，蒸肉米粉130克，甜辣酱30克，葱花、蒜末各少许

调料

盐2克

做法

❶ 洗净的芋头对半切开，切长条，装碗。

❷ 倒入甜辣酱，放入少许葱花，倒入蒜末，加入盐，将食材拌匀。

❸ 倒入蒸肉米粉，拌匀，将拌好的芋头摆在备好的盘中。

❹ 蒸锅注清水烧开，放上拌好的芋头，用大火蒸25分钟至熟，取出蒸好的芋头，撒上葱花即可。

烹饪时间2分30秒；口味鲜

松子玉米炒饭

原料 ○2人份

米饭300克，玉米粒45克，青豆35克，腊肉55克，鸡蛋1个，水发香菇40克，熟松子仁25克，葱花少许

调料

食用油适量

做法

❶ 将洗净的香菇切粗丝，再切丁；洗好的腊肉切片，再切条形，改切成丁。

❷ 锅中注清水烧开，倒入洗净的青豆、玉米粒，拌匀，煮至食材断生，捞出。

❸ 用油起锅，倒入腊肉丁、香菇丁，炒匀，打入鸡蛋，炒散，倒入米饭炒匀。

❹ 倒入焯过水的食材，翻炒匀，撒上葱花，炒香，倒入少许熟松子仁，炒匀，盛出装盘，撒上余下的熟松子仁即成。

小叮咛 青豆含有维生素C、维生素K、钙、磷、钾、铁、锌等营养成分，具有健脾宽中、提高记忆力、乌发明目等功效。

烹饪时间2分钟；口味清淡

松子炒丝瓜

原料 ○2人份

胡萝卜片50克，丝瓜90克，松仁12克，姜末、蒜末各少许

调料

盐2克，鸡粉、水淀粉、食用油各适量

做法

❶ 将洗净去皮的丝瓜对半切开，切长条，改切成小块。

❷ 锅中注清水烧开，加入适量食用油，放入胡萝卜片，煮半分钟，倒入丝瓜，续煮至断生，捞出。

❸ 用油起锅，倒入姜末、蒜末，爆香，倒入胡萝卜和丝瓜，拌炒一会儿，加入盐、鸡粉，炒至入味。

❹ 再倒入少许水淀粉，快速翻炒匀，盛入盘中，撒上松仁即可。

小叮咛 松子对大脑和神经大有补益作用，是学生和脑力劳动者的健脑佳品，也是老年人宜吃食物，可以预防老年痴呆症。

鱼蓉豆腐

烹饪时间12分钟；口味鲜

原料 ○3人份

草鱼肉180克，老豆腐280克，葱花3克，姜蓉5克

调料

干淀粉10克，生抽8毫升，芝麻油2毫升，盐、胡椒粉各适量

做法

❶ 将备好的豆腐切成小块；将鱼肉切小块，再切碎剁成蓉。

❷ 将鱼蓉倒入豆腐内，加盐、姜蓉、胡椒粉、芝麻油、干淀粉，搅拌片刻使食材混匀。

❸ 将拌好的鱼蓉豆腐倒入蒸盘，用筷子铺平；备好电蒸锅烧开，放入鱼蓉豆腐。

❹ 盖上锅盖，将时间旋钮调至10分钟，掀开锅盖，将鱼蓉豆腐取出，淋上生抽，撒上葱花即可。

小叮咛

草鱼含有丰富的不饱和脂肪酸以及微量元素硒，具有暖胃和中、益肝明目、提高记忆力、抗衰养颜等作用。

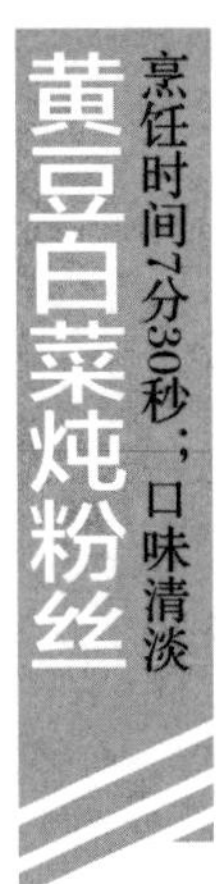

黄豆白菜炖粉丝

烹饪时间7分30秒；口味清淡

原料 ○2人份

熟黄豆150克，水发粉丝200克，白菜120克，姜丝、葱段各少许

调料

盐2克，鸡粉少许，生抽5毫升，食用油适量

做法

❶ 将洗净的白菜切长段，再切粗丝；用油起锅，放入姜丝、葱段，爆香。

❷ 倒入白菜丝，炒至其变软，淋入生抽，炒匀，注入适量清水煮沸，倒入洗净的黄豆，拌匀。

❸ 加入盐、鸡粉，拌匀调味，用中火煮约5分钟，至食材熟透。

❹ 倒入洗净的粉丝，搅散，煮至熟软，盛出煮好的菜肴，装在碗中即可。

小叮咛 黄豆含有丰富的卵磷脂，能在人体内释放乙酸胆碱，是脑神经细胞间传递信息的桥梁，对增强记忆力大有裨益。

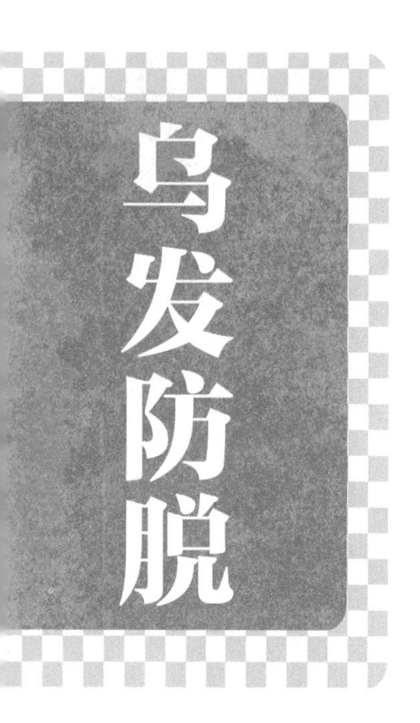

人过中年，尤其到了老年，头发容易变细、脱落、断发、变白等。要保持头发乌亮健康，应增强体质，注意日常饮食，多吃养发食品。

饮食建议

宜选用的药材和食材有：何首乌、阿胶、黑芝麻、黑豆等；宜进食具有补充肾气，调节内分泌功能的中药材和食材，如枸杞、杜仲、女贞子、猪腰、羊腰等；还要注意多摄入富含酪氨酸的食物，如牡蛎、葡萄干等。

最佳搭配

✔黑芝麻+莴笋=补肾乌发、增强记忆

✔核桃仁+黑芝麻=养血安神、乌发润肠

✔苦瓜+玉米=清热除烦、安神助眠

✔葡萄干+苹果=乌发防脱、消食开胃

推荐食谱

烹饪时间6分钟；口味酸

黑芝麻拌莴笋丝

原料 ○2人份

去皮莴笋200克，去皮胡萝卜80克，黑芝麻25克

调料

盐2克，鸡粉2克，白糖5克，醋10毫升，芝麻油少许

做法

❶ 洗好的莴笋切丝；洗净的胡萝卜切丝。

❷ 锅中注清水烧开，放入莴笋丝和胡萝卜丝，焯煮一会儿至断生，捞出焯好的莴笋和胡萝卜，装碗待用。

❸ 在碗中加入部分黑芝麻，放入盐、鸡粉、白糖、醋、芝麻油，拌匀，将拌好的菜肴装在盘中，撒上剩余的黑芝麻点缀即可。

烹饪时间16分钟；口味甜

杏仁核桃牛奶芝麻糊

原料 ○2人份

甜杏仁50克，核桃仁25克，白芝麻30克，黑芝麻30克，糯米粉30克，枸杞10克，牛奶100毫升

调料

白砂糖15克

做法

❶ 将洗净的白芝麻和黑芝麻放入锅中翻炒，炒出香味，装盘待用。

❷ 将甜杏仁、核桃仁、白芝麻、黑芝麻、糯米粉、枸杞、牛奶倒入豆浆机中，注入适量清水。

❸ 加入白砂糖，搅匀，盖上豆浆机机头，选择“五谷”程序，再选择“开始”键，开始打磨材料。

❹ 待豆浆机运转约15分钟，即成芝麻糊，把煮好的芝麻糊盛入碗中即可。

小叮咛 黑芝麻对于肝肾不足所致的视物不清、腰酸腿软、耳鸣耳聋、发枯发落、头发早白等症食疗效果显著。

烹饪时间155分钟；口味苦

首乌黑豆红枣鸡汤

原料 ○ 3人份

鸡肉块400克，水发黑豆85克，黄芪15克，桂圆肉12克，首乌20克，红枣25克，姜片、葱段各少许

调料

盐3克

做法

1. 锅中注清水烧热，倒入洗净的鸡肉块，氽煮约3分钟，去除血渍后捞出，沥干水分。
2. 砂锅中注清水烧热，倒入鸡肉块，放入洗好的首乌、桂圆肉、红枣和黄芪。
3. 倒入洗净的黑豆，撒上姜片、葱段，拌匀，烧开后转小火煮约150分钟，至食材熟透。
4. 加入盐，拌匀、略煮，至汤汁入味，盛出煮好的鸡汤，装在碗中即可。

小叮咛 首乌可补益精血、乌须发、强筋骨、补肝肾，是常见贵细中药材；黑豆含有丰富的维生素E，能清除体内的自由基，减少皮肤皱纹，达到养颜美容的目的。

烹饪时间42分钟；口味清淡

板栗桂圆粥

原料 ○2人份

板栗肉50克，桂圆肉15克，大米250克

做法

❶ 砂锅中注入适量清水，用大火烧热。

❷ 倒入备好的板栗肉、大米、桂圆肉，搅拌匀，煮开后转小火煮40分钟至食材熟透。

❸ 搅拌匀，将煮好的粥盛入碗中即可。

烹饪时间5分钟；口味鲜

桂圆炒虾球

原料 ○2人份

虾仁200克，桂圆肉180克，胡萝卜片、姜片、葱段各少许

调料

盐3克，鸡粉3克，料酒10毫升，水淀粉16毫升，食用油适量

做法

❶ 洗净的虾仁切开，去除沙线，加1克盐、1克鸡粉、6毫升水淀粉、食用油，腌渍入味。

❷ 锅中注清水烧开，放入虾仁，煮至变色，捞出，入油锅滑油片刻，捞出。

❸ 锅底留油，放入胡萝卜片、姜片、葱段，爆香，倒入桂圆肉、虾仁，淋入料酒，炒匀提味。

❹ 加入2克鸡粉、2克盐、10毫升水淀粉，拌炒片刻，至食材入味即可。

烹饪时间34分钟；口味淡

猴头菇桂圆红枣汤

原料 ○2人份

泡发猴头菇2个，桂圆干10克，红枣5枚，绿豆芽20克

调料

盐3克

做法

❶ 砂锅中注入适量清水烧开，倒入猴头菇、桂圆干、红枣，拌匀。

❷ 盖上盖，大火煮开转小火煮30分钟至食材熟透。

❸ 揭盖，倒入绿豆芽，略煮片刻至绿豆芽熟软。

❹ 加入盐，搅拌均匀，盛出装入碗中即可。

桂圆含有葡萄糖、蔗糖、铁、钾及多种维生素，具有益气补血、延缓衰老等功效，与猴头菇、红枣一起食用，可以养血乌发。

烹饪时间1分30秒；口味辣

苦瓜玉米粒

原料 ○2人份

玉米粒150克，苦瓜80克，彩椒35克，青椒10克，姜末少许，泰式甜辣酱适量

调料

盐少许，食用油适量

做法

❶ 将洗净的苦瓜去除瓜瓤，切菱形块；洗好的青椒、彩椒切丁。

❷ 锅中注清水烧开，倒入洗净的玉米粒，焯煮片刻。

❸ 倒入苦瓜块、彩椒丁、青椒丁，再煮至全部食材断生后捞出。

❹ 油爆姜末，倒入焯过水的食材，炒匀炒透，加入盐、甜辣酱，炒至食材熟软、入味即可。

小叮咛 玉米含蛋白质、糖类、胡萝卜素、B族维生素、维生素E及丰富的钙、铁、铜、锌等多种矿物质，有益智宁神、乌发防脱的功效。

杏鲍菇炒甜玉米

烹饪时间1分30秒；口味清淡

原料 ○2人份

杏鲍菇90克，红椒10克，鲜玉米粒150克，姜片、蒜末、葱段各少许

调料

盐3克，鸡粉2克，料酒3毫升，水淀粉、食用油各适量

做法

❶ 将洗净的杏鲍菇切成丁；洗净的红椒切开，再切成小块。

❷ 锅中注清水烧开，加1克盐、1克鸡粉，放入杏鲍菇、玉米粒，煮至其八成熟后捞出。

❸ 油爆姜片、蒜末，倒入焯煮好的食材，翻炒匀，放入红椒块，翻炒片刻，至其断生。

❹ 加入2克盐、1克鸡粉，炒匀，再淋入料酒，炒匀提鲜，放入葱段，倒入水淀粉，翻炒入味即可。

小叮咛 杏鲍菇富含蛋白质、糖类、维生素及钙、镁、铜、锌等矿物质，可以提高人体免疫功能，对老年人肾虚脱发也有食疗作用。

海带拌彩椒

烹饪时间3分钟；口味清淡

原料 ○2人份

海带150克，彩椒100克，蒜末、葱花各少许

调料

盐3克，鸡粉2克，生抽、陈醋、芝麻油、食用油各适量

做法

❶ 将洗净的海带切成丝；洗好的彩椒去籽，切成丝。

❷ 锅中注入适量清水烧开，加1克盐、食用油，放入彩椒，搅匀，倒入海带，煮约1分钟至熟，捞出。

❸ 将彩椒和海带放入碗中，倒入蒜末、葱花，加入适量生抽、2克盐、鸡粉、陈醋。

❹ 淋入少许芝麻油，拌匀调味即成。

小叮咛

海带含有钙、镁、钾、磷、铁、锌、硒、碘、维生素B_1、维生素B_2等营养成分，不仅可以纠正内分泌失调，还能增强人体免疫力、清热除烦。

烹饪时间11分钟；口味甜

牛奶香蕉蒸蛋羹

原料 ○2人份

香蕉100克，鸡蛋80克，牛奶150毫升

做法

❶ 香蕉去皮切条，再切小段；取一个碗，打入鸡蛋，搅散制成蛋液。

❷ 取榨汁机，倒入香蕉、牛奶，盖上盖，选定“榨汁”键，开始榨汁，待榨好后将香蕉汁倒入碗中，再倒入蛋液中，搅匀。

❸ 取一个蒸碗，倒入蛋液，撇去浮沫封上保鲜膜，蒸锅上火烧开，放上蛋液，中火蒸10分钟至熟，将蛋羹取出即可。

烹饪时间5 分钟；口味:甜

香蕉瓜子奶

原料 ○2人份

香蕉1根，葵花子仁15克，牛奶150毫升

调料

白砂糖15克

做法

❶ 香蕉去皮，切片，装盘；砂锅中注清水烧开，放入白砂糖，搅拌至熔化。

❷ 倒入牛奶，拌匀，用大火煮开，放入切好的香蕉，加入葵花子仁，拌匀。

❸ 用小火稍煮2分钟至食材入味，盛出煮好的甜汤，装碗即可。

葡萄干苹果粥

烹饪时间24分钟；口味清淡

原料 ○3人份

去皮苹果200克，水发大米400克，葡萄干30克

调料

冰糖20克

做法

❶ 洗净的苹果去核，切成丁。

❷ 砂锅中注入适量清水烧开，倒入大米，拌匀，大火煮20分钟至熟。

❸ 放入葡萄干、苹果，拌匀，续煮2分钟至食材熟透。

❹ 加入冰糖，搅拌至冰糖熔化，将煮好的粥盛出，装入碗中即可。

小叮咛 葡萄干中的铁和钙含量十分丰富 ，是儿童、妇女及体弱贫血者的滋补佳品，可补血气、暖肾、防脱固发。

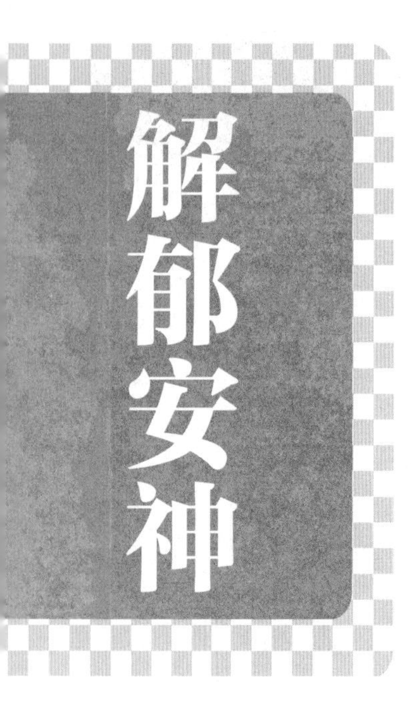

解郁安神

中老年人普遍存在着睡觉不安稳，彻夜失眠的问题。造成的原因很多，如阴虚烦热、肝气郁结等。中老年人通过自身饮食结构调整完全可以改善睡眠问题。

饮食建议

宜食用大枣、百合、莲子等具有安神功效的食材；宜食用含色氨酸的食品，如鱼、肉、蛋、牛奶、酸奶、奶酪等。忌过多食用辛辣刺激性食物，如辣椒等，能够兴奋神经，加重神经衰弱、失眠。

最佳搭配

✔莲子+银耳=滋阴润燥、清心安神

✔百合+南瓜=养血安神、润肺止咳

✔百合+马蹄=清热除烦、安神助眠

✔莴笋+莲雾=滋阴清热、解郁安神

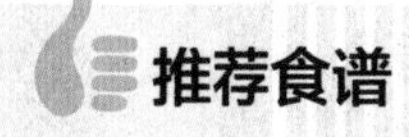

烹饪时间47分钟；口味甜

红薯莲子银耳汤

原料 ○2人份

红薯130克，水发莲子150克，水发银耳200克

调料

白糖适量

做法

❶ 将洗好的银耳切去根部，撕成小朵；去皮洗净的红薯切片，切丁。

❷ 砂锅中注清水烧开，倒入洗净的莲子、银耳，烧开后改小火煮至食材变软。

❸ 倒入红薯丁，拌匀，用小火续煮至食材熟透，加入白糖，拌匀，煮至熔化，盛出煮好的银耳汤，装在碗中即可。

烹饪时间26分钟；口味甜

百合蒸南瓜

原料 ○2人份

南瓜200克，鲜百合70克

调料

冰糖30克，水淀粉4毫升，食用油适量

做法

❶ 洗净去皮的南瓜切条，再切成块，摆入盘中。

❷ 在南瓜上摆上冰糖、百合，待用。

❸ 蒸锅注清水烧开，放入南瓜盘，大火蒸25分钟至熟软，将南瓜取出。

❹ 另取一锅，倒入糖水，加入水淀粉，搅拌匀，淋入食用油，调成芡汁，浇在南瓜上即可。

小叮咛 百合含有蛋白质、脂肪、还原糖、淀粉等成分，具有清热除烦、宁心安神、润肺止咳等功效。

烹饪时间2分30秒；口味辣

干煸芹菜肉丝

原料 ○2人份

猪里脊肉220克，芹菜50克，干辣椒8克，青椒20克，红小米椒10克，葱段、姜片、蒜末各少许

调料

豆瓣酱12克，鸡粉、胡椒粉各少许，生抽5毫升，料酒、花椒油、食用油各适量

做法

❶ 将洗净的青椒去籽，切细丝；洗好的红小米椒切丝；洗净的芹菜切段；洗好的猪里脊肉切细丝。

❷ 热锅注油，倒入肉丝，煸干水汽，盛出；用油起锅，放入干辣椒炸香，盛出，倒入葱段、姜片、蒜末，爆香。

❸ 加入豆瓣酱，炒出香辣味，放入肉丝炒匀，淋入料酒，撒上红小米椒，炒香。

❹ 倒入芹菜段、青椒丝，翻炒断生，加入生抽、鸡粉、胡椒粉、花椒油，炒匀即成。

小叮咛 芹菜具有清热除烦、利水消肿、凉血止血的作用，对高血压、头痛头晕、燥热烦渴、心烦失眠等病症有食疗作用。

烹饪时间16分钟；口味甜

大米百合马蹄豆浆

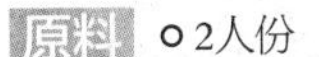

原料 ○2人份

水发黄豆40克，水发大米20克，马蹄50克，百合10克

调料

白糖适量

做法

1. 洗净去皮的马蹄切小块；把已浸泡4小时的大米和浸泡8小时的黄豆洗净。
2. 将大米和黄豆沥干水分，与百合、马蹄一起倒入豆浆机中。
3. 倒入清水，盖上豆浆机机头，开始打浆，待运转约15分钟，即成豆浆。
4. 倒入滤网，滤取豆浆，将豆浆装入碗中，放入白糖，搅拌匀即可。

烹饪时间21分钟；口味甜

紫苏苹果橙汁

原料 ○2人份

橙子60克，苹果170克，紫苏叶20克

调料

蜂蜜20毫升

做法

1. 洗净的橙子、苹果去皮，切成块。
2. 砂锅中注清水烧开，倒入洗净的紫苏叶，大火煮开后转小火煮20分钟至汁水浓郁，将紫苏汁滤到碗中。
3. 取榨汁杯，倒入切好的橙子块、苹果块，再注入紫苏汁，按下“榨汁”键，榨取果汁，将果汁倒入杯中，淋入蜂蜜即可。

莴笋炒瘦肉

烹饪时间3分钟；口味清淡

原料 ○2人份

莴笋200克，瘦肉120克，葱段、蒜末各少许

调料

盐、鸡粉、白胡椒粉各少许，料酒3毫升，生抽4毫升，水淀粉、芝麻油、食用油各适量

做法

❶ 将去皮洗净的莴笋切细丝；洗好的瘦肉切丝。

❷ 把肉丝装入碗中，加适量盐、料酒、生抽、白胡椒粉、水淀粉、食用油，拌匀，腌渍一会儿。

❸ 用油起锅，倒入肉丝炒匀，撒上葱段、蒜末，炒香，倒入莴笋丝，炒匀炒透。

❹ 加入适量盐、鸡粉，炒匀调味，注入清水炒匀，再用水淀粉勾芡，淋入适量芝麻油，炒香即可。

小叮咛 莴笋性凉，味甘、苦，有解热除烦、宽胸疏肝的作用，是老年人缓解肝郁气滞、心烦失眠的理想食材。

莴笋莲雾柠檬汁

烹饪时间2分钟；口味淡

原料 ○2人份

去皮莴笋70克，莲雾100克，柠檬汁40毫升

做法

❶ 洗净去皮的莴笋切块；洗净的莲雾切块，待用。

❷ 榨汁机中倒入莴笋块和莲雾块，加入柠檬汁，注入80毫升凉开水。

❸ 盖上盖，榨约20秒成蔬果汁。

❹ 揭开盖，将蔬果汁倒入杯中即可。

小叮咛 莲雾果肉呈海绵质，略有苹果香味，富含维生素C和大量水分，对保持皮肤的滋润度很有好处，还有解热、利尿、宁心安神的作用。

烹饪时间32分30秒；口味清淡

五香黄豆拌香菜

原料 ○2人份

水发黄豆200克，香菜30克，姜片、葱段、香叶、八角、花椒各少许

调料

盐2克，白糖5克，芝麻油、食用油各适量

做法

1. 将洗净的香菜切段；用油起锅，倒入八角、花椒，爆香，撒上姜片、葱段，炒匀。
2. 放入香叶炒香，加入白糖、1克盐，注入清水，倒入洗净的黄豆，搅匀，卤至食材熟透。
3. 盛出材料，滤在碗中，拣出香料，再撒上香菜，加入1克盐、芝麻油。
4. 快速搅拌一会儿，至食材入味，将拌好的菜肴盛入盘中，摆好盘即可。

小叮咛 香菜辛香升散，能促进胃肠蠕动，具有开胃醒脾、调和中焦的作用，能有效调理肝郁气滞、胸闷失眠。

烹饪时间2分钟；口味淡

芦笋炒百合

原料 ○2人份

芦笋150克，鲜百合60克，红椒20克

调料

盐3克，水淀粉10毫升，味精3克，鸡粉3克，料酒3毫升，芝麻油、食用油各适量

做法

1. 把洗净的芦笋去皮，切成长段；洗净的红椒去籽，切成片。
2. 锅中加清水烧开，加少许食用油，倒入芦笋，煮沸后捞出；用油起锅，倒入红椒片炒香。
3. 倒入焯水后的芦笋，再加入洗好的百合炒匀，淋入料酒炒香，加盐、味精、鸡粉炒匀调味。
4. 再加入水淀粉勾芡，淋入少许芝麻油，翻炒匀至熟透即可。

小叮咛 芦笋含蛋白质、膳食纤维、B族维生素以及硒、铜等微量元素，常食有润肺清心、调中之效，可止咳止血、开胃安神。

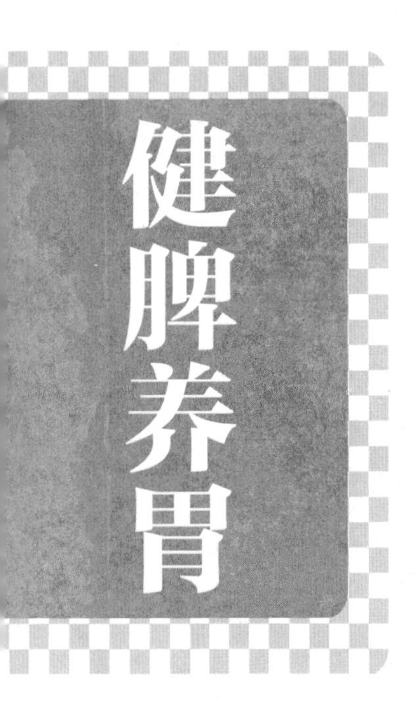

中医认为，人进入老年后，先天元气渐渐衰弱，必须靠后天脾胃的运化，吸收水谷精微之气来供给。但老年人的脾胃功能也逐渐下降。因此，要特别注意脾胃的调理。

饮食建议

饮食应有规律，三餐定时、定量、不暴饮暴食，素食为主、荤素搭配。要常吃蔬菜和水果，以满足机体需求和保持大便通畅。少吃有刺激性和难于消化的食物，如酸辣、油炸、干硬和生冷的食物要尽量少吃。

最佳搭配

✔扁豆+薏米=益气健脾、除湿排脓

✔腰果+猪肚=养血安神、健脾和胃

✔小米+红薯=养胃健脾、安神助眠

✔鲫鱼+香芹=滋阴清热、健脾养胃

推荐食谱

烹饪时间62分钟；口味鲜

扁豆薏米排骨汤

原料 ○2人份

水发扁豆100克，水发薏米100克，排骨300克

调料

料酒8毫升，盐5克

做法

❶ 锅中注水烧开，倒入排骨，淋入料酒，汆煮去血水，捞出。

❷ 砂锅中注清水烧热，放入排骨、薏米、扁豆，搅拌片刻，烧开后转小火煮1个小时至食材熟软。

❸ 加入盐，搅拌片刻，使食材入味即可。

扁豆玉米沙拉

烹饪时间5分钟；口味清淡

原料 ○2人份

扁豆70克，玉米粒60克，洋葱30克

调料

沙拉酱2克，胡椒粉5克，橄榄油5毫升，盐少许

做法

❶ 处理好的洋葱切片；洗净的扁豆切成块。

❷ 锅中注清水烧开，倒入扁豆，焯煮断生，捞出过凉水；开水锅中倒入玉米粒、洋葱，煮片刻，捞出倒入放扁豆的凉水中放凉。

❸ 将食材捞出装碗，放入盐，再放入胡椒粉、橄榄油，拌匀。

❹ 将拌好的食材装入盘中，挤入沙拉酱拌匀即可。

小叮咛 扁豆具有健脾和中、消暑清热、解毒消肿的作用，适合脾胃虚弱、便溏腹泻、体倦乏力者食用。

烹饪时间4分钟；口味鲜

腰果炒猪肚

原料 ○2人份

熟猪肚丝200克，熟腰果150克，芹菜70克，红椒60克，蒜片、葱段各少许

调料

盐2克，鸡粉3克，芝麻油、料酒各5毫升，水淀粉、食用油各适量

做法

❶ 洗净的芹菜切小段；洗好的红椒去籽，切成条。

❷ 用油起锅，倒入蒜片、葱段，爆香，放入猪肚丝，炒匀，淋入料酒，炒匀。

❸ 注入适量清水，加入红椒丝、芹菜段，炒匀，加入盐、鸡粉，炒匀。

❹ 倒入水淀粉、芝麻油，翻炒至食材完全入味，盛出装盘，加入熟腰果即可。

小叮咛 猪肚含有蛋白质、脂肪、胆固醇、钙、钠、钾、磷、糖类等营养成分，具有益气补血、健脾益胃、增强抵抗力等功效。

烹饪时间31分钟；口味淡

小米蒸红薯

原料 ○2人份

水发小米80克，去皮红薯250克

做法

❶ 红薯切小块，装碗，倒入泡好的小米，搅拌均匀，将拌匀的食材装盘。

❷ 备好已注清水烧开的蒸锅，放入食材，加盖，蒸30分钟至熟。

❸ 揭盖，取出蒸好的小米和红薯即可。

烹饪时间60分钟；口味清淡

小米山药饭

原料 ○2人份

水发小米30克，水发大米50克，山药50克

做法

❶ 将洗净去皮的山药切小块。

❷ 备好电饭锅，打开盖，倒入山药块，放入洗净的小米和大米，注入适量清水，搅匀。

❸ 盖上盖，按功能键，调至“五谷饭”图标，进入默认程序，煮至食材熟透，按下“取消”键，断电后揭盖，盛出煮好的山药饭即可。

麻酱拌牛肚

烹饪时间2分钟；口味鲜

原料 ○2人份

熟牛肚300克，红椒丝、青椒丝各10克，白芝麻15克，蒜末、姜末、葱花各少许

调料

盐、鸡粉各2克，白糖3克，生抽、陈醋、芝麻油各5毫升，辣椒油少许，芝麻酱10克

做法

❶ 将熟牛肚除去油脂，再切片，改切成细丝。

❷ 取一小碗，加入芝麻酱，蒜末、姜片、葱花。

❸ 加入生抽、白糖、鸡粉、陈醋、芝麻油。

❹ 放入盐，倒入辣椒油，拌匀，搅散，调成味汁。

❺ 取一大碗，倒入牛肚，放入青椒丝、红椒丝，倒入味汁，撒上白芝麻，拌匀入味，盛入盘中即可。

小叮咛 牛肚含有蛋白质、B族维生素、钙、磷、铁等营养成分，具有补益脾胃、补气养血、补虚益精等功效。

西芹湖南椒炒牛肚

烹饪时间5分钟；口味清淡

原料 ○2人份

熟牛肚200克，湖南椒80克，西芹110克，朝天椒30克，姜片、蒜末、葱段各少许

调料

盐、鸡粉各2克，料酒、生抽、芝麻油各5毫升，食用油适量

做法

❶ 洗净的湖南椒切小块；洗好的西芹切小段；洗净的朝天椒切圈；熟牛肚切粗条。

❷ 油爆朝天椒、姜片，放入牛肚，炒匀，倒入蒜末、湖南椒、西芹段，炒匀。

❸ 加入料酒、生抽，注入适量清水，加入盐、鸡粉，炒匀，加入芝麻油，炒匀。

❹ 放入葱段，翻炒约2分钟至入味，盛出炒好的菜肴，装入盘中即可。

小叮咛 牛肚含有胆固醇、钾、磷、钙、钠、维生素A、维生素B_1、维生素E及烟酸等营养成分，具有健脾止泻、益气补血、补虚益精等功效。

烹饪时间20分钟；口味鲜

香芋煮鲫鱼

原料 ○2人份

净鲫鱼400克，芋头80克，鸡蛋液45克，枸杞12克，姜丝、蒜末各少许

调料

盐、白糖、食用油各适量

做法

1. 将去皮洗净的芋头切细丝；处理干净的鲫鱼切上一字花刀，撒上盐，腌渍约15分钟。
2. 起油锅，倒入芋头丝炸香，捞出；用油起锅，放入腌渍好的鱼，炸至两面断生后捞出。
3. 油爆姜丝，注入适量清水，放入炸好的鲫鱼，大火煮沸，用中火煮至食材七八成熟。
4. 倒入芋头丝，撒上蒜末，倒入枸杞，搅匀，再放入鸡蛋液，煮成型，加入盐、白糖，煮至食材熟透即可。

小叮咛 芋头含有蛋白质、淀粉、膳食纤维、维生素C、维生素E、钾、钠、钙、镁、铁、锰、锌等营养成分，具有益脾胃、调中气、化痰散结等功效。

烹饪时间10分钟；口味鲜

苹果红枣鲫鱼汤

原料 ○3人份

鲫鱼500克，去皮苹果200克，红枣20克，香菜叶少许

调料

盐3克，胡椒粉2克，水淀粉、料酒、食用油各适量

做法

❶ 洗净的苹果去核，切成块；鲫鱼身上加1克盐，涂抹均匀，淋入料酒，腌渍入味。

❷ 用油起锅，放入鲫鱼，煎至金黄色，注入清水，倒入红枣、苹果，大火煮开。

❸ 加入2克盐，拌匀，中火续煮5分钟至入味，加入胡椒粉，拌匀。

❹ 倒入水淀粉，拌匀，将煮好的汤装入碗中，放上香菜叶即可。

小叮咛 苹果具有润肺健胃、生津止渴、止泻消食、顺气醒酒的功效，对脾胃虚弱、不思饮食者具有很好的食疗作用。

烹饪时间13分钟；口味甜

韩式南瓜粥

原料 ○2人份

去皮南瓜200克，糯米粉60克

调料

冰糖20克

做法

❶ 洗净的南瓜切成片。

❷ 取碗，放入糯米粉，注入适量清水，搅拌均匀，制成糯米糊。

❸ 蒸锅注清水烧开，放入南瓜蒸熟，取出，倒入碗中，压成泥状，待用。

❹ 砂锅中注入适量清水烧热，倒入南瓜泥、糯米糊、冰糖，拌匀，稍煮片刻至入味即可。

烹饪时间37分钟；口味清淡

南瓜糙米饭

原料 ○2人份

南瓜丁140克，水发糙米180克

调料

盐少许

做法

❶ 取一蒸碗，放入洗净的糙米，倒入南瓜丁，注入少许清水，加入盐拌匀。

❷ 蒸锅上火烧开，放入蒸碗，用大火蒸约35分钟，至食材熟透。

❸ 待蒸汽散开，取出蒸碗，稍微冷却后即可食用。

香菇豆腐酿黄瓜

烹饪时间9分30秒；口味鲜

原料 ○2人份

黄瓜240克，豆腐70克，水发香菇30克，胡萝卜30克，葱花2克

调料

盐2克，鸡粉3克，水淀粉8毫升，芝麻油、胡椒粉各适量

做法

❶ 洗净的黄瓜切成段；洗净去皮的胡萝卜切碎；豆腐切小块；泡发好的香菇切去蒂，再切碎。

❷ 将黄瓜段中间部分挖去，不要挖穿，将以上切好的食材依次填入黄瓜段，压实。

❸ 备好电蒸锅烧开，放入黄瓜段，蒸8分钟，将黄瓜段取出。

❹ 热锅中注清水烧开，放入盐、鸡粉、水淀粉，拌匀，加入芝麻油、胡椒粉，搅拌片刻，浇在黄瓜段上，再撒上葱花即可。

小叮咛 黄瓜含有糖类、B族维生素、维生素C、葫芦素C、丙氨酸、精氨酸等营养物质，具有增强免疫力、抗衰老、开胃消食等作用。

Part 4 让妈妈面色红润，窈窕有魅力

烦心事太多，容易出现便秘；生完孩子，身体发胖；什么都不能吃，一吃就胖；风吹日晒，皮肤发黄；每月来一次，但总是很痛；天气转凉，容易感冒，手脚冰凉。这些问题是不是总是困扰着各位女性朋友呢？是的话就往下看，接下来的一章就教大家怎样做养生菜进行调理。

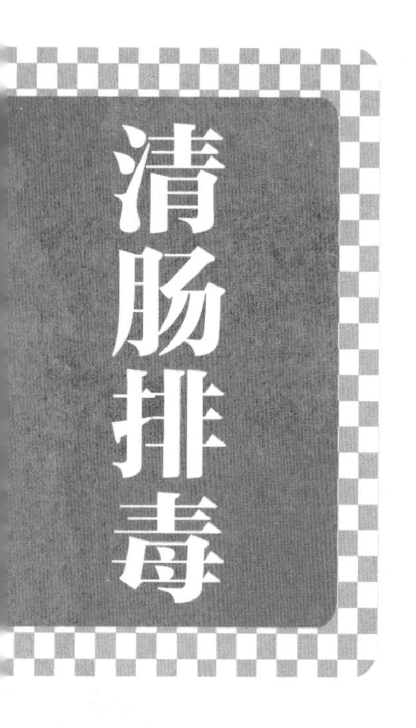

人体每天的代谢废物和有害物质主要通过大肠、皮肤、呼吸道和泌尿道排出。在这四大排泄系统中，大肠是最重要而又最易被大多数人忽视的一个排泄系统。如果大肠排泄不通会导致有毒物质积存体内，损害健康，加速衰老。

饮食建议

蜂蜜自古就是排毒养颜佳品，常吃蜂蜜在排出毒素的同时，对防治心血管疾病也有一定效果。黑木耳含有的植物胶质有较强的吸附力，可吸附残留在人体消化系统内的杂质，清洁血液，是非常好的清肠排毒食物。

最佳搭配

✔蜂蜜+红薯=清肠排毒、美颜肌肤

✔土豆+红薯=消胀排毒、润泽肌肤

✔红薯+糙米=润肠通便、健脾和胃

✔绿豆+黄豆=清热止痒、排毒养颜

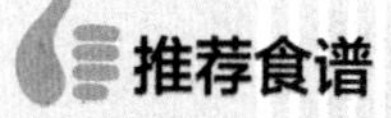

烹饪时间16分钟；口味甜

蜂蜜蒸红薯

原料 ○2人份

红薯300克

调料

蜂蜜适量

做法

1. 将洗净去皮的红薯修平整，再切成菱形状。
2. 把切好的红薯摆入蒸盘中，备用。
3. 蒸锅上火烧开，放入蒸盘，蒸至红薯熟透，取出蒸盘，待稍微放凉后浇上蜂蜜即可。

红烧莲藕肉丸

烹饪时间5分钟；口味鲜

原料 3人份

肉末200克，莲藕300克，香菇80克，鸡蛋1个，姜片、葱段各少许

调料

盐2克，鸡粉3克，生抽5毫升，老抽4毫升，料酒、水淀粉、食用油各适量

做法

1. 洗净去皮的莲藕切成粒；洗好的香菇切成碎末。
2. 取一个碗，倒入肉末、莲藕、香菇，加入1克鸡粉、1克盐，再打入鸡蛋，拌匀，倒入水淀粉，拌匀，搅至起劲。
3. 起油锅，将拌好的材料挤成肉丸，放入油锅中，炸至金黄色，捞出，沥干油。
4. 油爆姜片、葱段，注入清水，加入1克盐、2克鸡粉、生抽，放入肉丸，加老抽煮上色，淋入料酒、水淀粉炒匀即可。

小叮咛 莲藕中含有黏液蛋白和膳食纤维，能与人体内胆酸盐、食物中的胆固醇及三酰甘油结合，使其从粪便中排出，从而减少脂类的吸收。

烹饪时间23分钟；口味清淡

红薯糙米饼

原料 ○2人份

红薯片200克，糙米粉150克，蛋清50毫升

做法

❶ 蒸锅中注清水烧开，放上红薯片，用大火蒸15分钟至熟，取出装碗，用勺子压成泥状。

❷ 碗中加入备好的蛋清，用电动搅拌器搅拌至鸡尾状，待用。

❸ 红薯碗中倒入糙米粒及打发好的蛋清，将食材拌匀至成浆糊，装盘待用。

❹ 热锅中放入浆糊，戴上一次性手套，压制成饼状，烙至两面金黄，取出切成数块扇形即可。

小叮咛 红薯能加快消化道蠕动，有助于排便，清理消化道，缩短食物中有毒物质在肠道内的滞留时间，减少因便秘而引起的人体自身中毒。

烹饪时间2分钟；口味清淡

黄瓜拌土豆丝

原料 ○2人份

去皮土豆250克，黄瓜200克，熟白芝麻15克

调料

盐、白糖各1克，芝麻油、白醋各5毫升

做法

❶ 洗好的黄瓜切丝；洗净的土豆切丝。

❷ 取一碗清水，放入土豆丝，稍拌片刻，去除表面含有的淀粉，洗过后将水倒走。

❸ 沸水锅中倒入洗过的土豆丝，焯煮断生，捞出过凉水后捞出。

❹ 往土豆丝中放入黄瓜丝，拌匀，加入盐、白糖、芝麻油、白醋，拌匀，装碟，撒上熟白芝麻即可。

烹饪时间2分钟；口味甜

土豆红薯泥

原料 ○2人份

熟土豆200克，熟红薯150克，蒜末、葱花各少许

调料

盐2克，鸡粉2克，芝麻油适量

做法

❶ 将熟土豆、熟红薯装入保鲜袋中，用擀面杖将其擀制碾压成泥状。

❷ 将泥状食材装入碗中，用筷子打散，加入备好的蒜末，搅拌匀。

❸ 加入盐、鸡粉，搅匀调味，淋入芝麻油，搅拌匀，将拌好的食材装入碗中，撒上葱花即可。

老干妈孜然莲藕

烹饪时间5分钟；口味辣

原料 ○2人份

去皮莲藕400克，老干妈30克，姜片、蒜末、葱段各少许

调料

盐3克，鸡粉2克，孜然粉5克，生抽、白醋、食用油各适量

做法

❶ 洗净的莲藕对半切开，切薄片。

❷ 取一碗，注入清水，放1克盐、白醋，拌匀，倒入莲藕拌匀。

❸ 锅中注清水烧开，倒入莲藕，焯煮断生，捞出，放入凉水中，冷却后沥干水分。

❹ 油爆姜片、蒜末，放入老干妈，拌匀，加入孜然粉，倒入莲藕，炒匀，加生抽、2克盐、鸡粉，炒入味，放入葱段，炒匀即可。

小叮咛 莲藕含有糖类、膳食纤维、维生素C、钙、铁等营养成分，具有益气补血、润肠通便、健脾开胃等功效。

莲藕炒秋葵

烹饪时间2分钟；口味清淡

原料 ○2人份

去皮莲藕250克，去皮胡萝卜150克，秋葵50克，红彩椒10克

调料

盐2克，鸡粉1克，食用油5毫升

做法

1. 洗净的胡萝卜切片；洗好的莲藕切片；洗净的红彩椒切片；洗好的秋葵斜刀切片。
2. 锅中注清水烧开，加入1克盐，拌匀，倒入胡萝卜、莲藕，拌匀。
3. 放入红彩椒、秋葵，拌匀，焯煮约2分钟至食材断生，捞出沥干水。
4. 用油起锅，倒入焯好的食材，翻炒均匀，加入1克盐、鸡粉，炒匀入味即可。

小叮咛 胡萝卜富含糖类、胡萝卜素、B族维生素、维生素C等，其中的植物纤维具有很强的吸水性，可以起到通便润肠的作用。

烹饪时间4分钟；口味甜

冬瓜燕麦片沙拉

原料 ○2人份

去皮黄瓜80克，去皮冬瓜80克，圣女果30克，酸奶20克，熟燕麦70克

调料

盐2克，沙拉酱10克

做法

❶ 洗净的圣女果对半切开；洗好的黄瓜切粗条，改切成丁；洗净的冬瓜切丁。

❷ 锅中注清水烧开，倒入冬瓜，加入盐，焯煮片刻，将焯煮好的冬瓜捞出，放入凉水中。

❸ 待凉后捞出，沥干水分，放入碗中，倒入黄瓜、熟燕麦，拌匀。

❹ 取一盘，将圣女果摆放在盘子周围，倒入拌好的黄瓜、燕麦、冬瓜，浇上酸奶，挤上沙拉酱即可。

小叮咛 冬瓜含有蛋白质、胡萝卜素、粗纤维及多种维生素、矿物质，具有健脾止泻、润肠通便等功效。

烹饪时间16分钟；口味淡

绿豆红薯豆浆

原料 ○2人份

水发绿豆50克，红薯40克

做法

❶ 洗净去皮的红薯切成小方块；将已浸泡8小时的绿豆倒入碗中，加清水洗净。

❷ 将洗好的绿豆倒入滤网，沥干水分，倒入豆浆机中，放入红薯，注入适量清水。

❸ 盖上豆浆机机头，选择“五谷”程序，再选择“开始”键，开始打浆。

❹ 待豆浆机运转约15分钟，即成豆浆，把煮好的豆浆倒入滤网，滤取豆浆，倒入杯中，撇去浮沫即可。

小叮咛 红薯含有蛋白质、淀粉、果胶、纤维素及多种维生素、矿物质，具有润肠通便 、滋补肝肾、益气生津、瘦身排脂等功效。

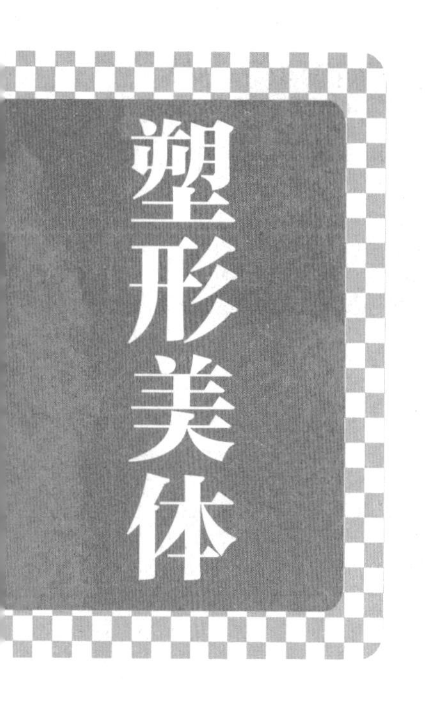

说到女人的身材，人们总会自然而然地想起S形曲线。女性拥有傲人身姿，不仅让人看起来就是一种享受，也能让自己更加自信。饮食是身体生长发育的源泉，女性朋友通过合理饮食是可以塑造完美身段的哦。

饮食建议

平时宜多食苹果、木瓜、西瓜等。苹果中的苹果酸可代谢掉多余的热量，消除脂肪。木瓜的蛋白分解酵素、番瓜素，可分解脂肪，让赘肉多多的双腿慢慢变得结实有骨感。西瓜中的钾含量较多，可以修饰美化双腿的线条。

最佳搭配

✔红豆+绿豆=瘦身排毒、美颜肌肤

✔白萝卜+苹果=润肠通便、健脾和胃

✔土豆+红薯=消胀排毒、润泽肌肤

✔绿豆+黄豆=清热止痒、排毒养颜

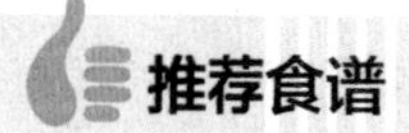

烹饪时间51分钟；口味淡

红绿豆瘦身粥

原料 ○2人份

红豆100克，绿豆100克，山楂10克，红枣10克

做法

❶ 锅中注入适量清水，用大火烧开，倒入洗净的红豆、绿豆，搅拌一下。

❷ 大火烧开后转小火煮约30分钟，至食材变软。

❸ 加入山楂和红枣，稍稍搅拌，续煮约20分钟，至食材熟透，将煮好的粥盛入碗中即可。

原料 ○2人份

鸡蛋120克，鲜玉米粒70克，葛根粉50克，葱花少许

调料

鸡粉2克，盐3克，食用油适量

做法

❶ 葛根粉装入碗中，注入适量清水，搅拌均匀；将鸡蛋打入碗中。

❷ 锅中注清水烧开，倒入玉米粒，加入1克盐，焯至断生，捞出，装入盛有鸡蛋的碗中。

❸ 加入葛根粉、2克盐、鸡粉、葱花，拌匀，制成蛋液；用油起锅，倒入少许蛋液，炒匀后盛入碗中，拌匀呈鸡蛋糊。

❹ 煎锅置于火上，注油烧热，倒入鸡蛋糊，摊开，铺匀，煎至两面熟透，盛出切成小块即可。

小叮咛 鸡蛋含有优质蛋白质、脂肪、维生素、矿物质等营养成分，而且消化吸收率高，有强身健体、补阴益血、除烦安神、补脾和胃等功效。

烹饪时间2分30秒；口味苦

豆腐干炒苦瓜

原料 ○2人份

苦瓜250克，豆腐干100克，红椒30克，姜片、蒜末、葱白各少许

调料

盐、鸡粉各2克，白糖3克，水淀粉、食用油各适量

做法

1. 将洗净的苦瓜去瓤，再切成丝；洗好的豆腐干切成粗丝；洗净的红椒去籽，再切成丝。
2. 热锅注油，烧至四成热，倒入豆腐干，搅片刻，待其散发出香味后捞出，沥干油。
3. 油爆姜片、蒜末、葱白，倒入苦瓜丝，炒匀，加入盐、白糖、鸡粉，炒匀调味。
4. 再注入少许清水，翻炒至苦瓜变软，放入豆腐干，撒上红椒丝，炒至断生，倒入水淀粉炒入味即成。

小叮咛 苦瓜含有苦味素、矿物质，还含清脂、减肥的特效成分，有清热解毒、清心明目、益气解乏的作用。

烹饪时间2分钟；口味甜

番荔枝木瓜汁

原料 ○2人份

番荔枝80克，木瓜90克

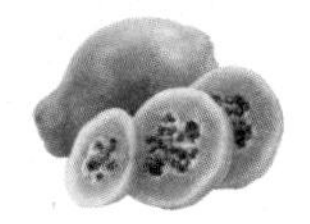

做法

❶ 洗净的木瓜去皮，对半切开，改切成薄片；洗好的番荔枝去皮，切条，改切成小块，备用。

❷ 取榨汁机，选择搅拌刀座组合，倒入番荔枝、木瓜，注入少许纯净水。

❸ 选择“榨汁”功能，榨取果汁，倒出榨好的果汁，去除浮沫后即可饮用。

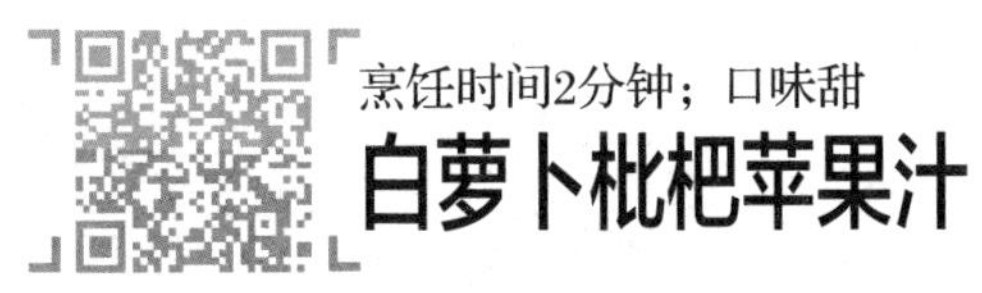

烹饪时间2分钟；口味甜

白萝卜枇杷苹果汁

原料 ○2人份

去皮白萝卜80克，去皮枇杷100克，苹果110克

做法

❶ 洗好的苹果去核去皮，切块；洗净去皮的白萝卜切块。

❷ 洗净去皮的枇杷切开去核，切块；榨汁机中倒入苹果块和白萝卜块。

❸ 加入枇杷块，注入80毫升凉开水，榨约15秒成蔬果汁，将蔬果汁倒入杯中即可。

炒魔芋

烹饪时间2分钟；口味淡

原料 ○2人份

魔芋300克，胡萝卜40克，蒜末、葱花各少许

调料

盐2克，鸡粉2克，生抽4毫升，水淀粉、食用油各适量

做法

❶ 洗净的胡萝卜切成菱形片；洗好的魔芋切片，再切条，改切成小方块。

❷ 锅中注清水烧开，加入1克盐，倒入胡萝卜，略煮一会儿，放入魔芋，煮至食材断生，捞出。

❸ 炒锅注油烧热，放入蒜末，爆香，倒入焯过水的食材，快速翻炒均匀。

❹ 加入1克盐、鸡粉、生抽，炒匀调味，加入适量水淀粉，继续翻炒至食材入味，盛出炒好的食材，撒上葱花即可。

小叮咛 魔芋是低热量食品，其葡甘聚糖吸水膨胀，可增大至原体积的30～100倍，因而食后有饱腹感，是理想的减肥食品。

素烧魔芋结

烹饪时间5分钟；口味清淡

原料 ○2人份

魔芋结150克，上海青110克，香菇15克，红椒30克，葱段少许

调料

盐、鸡粉各2克，芝麻油5毫升，水淀粉、食用油各适量

做法

❶ 洗好的上海青对半切开；洗净的香菇表面划上十字花刀；洗好的红椒切丁。

❷ 取碗，倒入清水，放入魔芋结洗净，捞出，入沸水锅焯煮片刻，捞出，再分别将香菇、上海青，焯煮片刻，捞出。

❸ 往上海青上加入1克盐、食用油拌匀，摆放在盘子中，成花瓣状；用油起锅，倒入香菇，炒香。

❹ 加入葱段、红椒、魔芋结，炒匀，注入适量清水，加1克盐、鸡粉、水淀粉、芝麻油，翻炒熟，盛出装入盘中上海青上即可。

小叮咛 上海青含糖类、膳食纤维、维生素C、胡萝卜素等成分，具有活血化瘀、消肿解毒、促进血液循环、润肠通便、美容养颜、强身健体的功效。

烹饪时间22分钟；口味鲜

陈醋黄瓜拌蜇皮

原料 ○2人份

海蜇皮200克，黄瓜200克，红椒50克，青椒40克，蒜末少许

调料

陈醋5毫升，芝麻油5毫升，生抽5毫升，盐2克，白糖2克，辣椒油5毫升

做法

1. 洗净的黄瓜对切开，再切成段；洗净的红椒、青椒切开去籽，切丝，再切粒。
2. 黄瓜装入碗中，放入盐，腌渍20分钟；锅中注清水烧开，倒入海蜇皮，汆煮片刻，捞出。
3. 海蜇皮装入碗中，倒入红椒粒、青椒粒、蒜末，搅拌匀，加入白糖、生抽、陈醋、芝麻油、辣椒油，搅匀调味。
4. 将黄瓜倒入凉开水中，洗去多余盐分，捞出沥干，装入盘中，将海蜇皮倒在黄瓜上即可。

小叮咛 黄瓜含有糖类、B族维生素、维生素C、维生素E等成分，具有排毒瘦身、利尿祛湿、清热解毒等功效。

烹饪时间5分钟；口味鲜

酱烧黄瓜卷

原料 ○2人份

黄瓜260克，黄豆酱25克，红椒圈、蒜末各少许

调料

鸡粉3克，白糖4克，盐2克，食用油适量

做法

1. 洗净的黄瓜切薄片。
2. 取一盘，放入切好的黄瓜片，撒上少许盐，拌匀，腌渍约10分钟。
3. 用油起锅，倒入蒜末、红椒圈，爆香；倒入黄豆酱，炒匀；注入少许清水，加入鸡粉、白糖，拌匀；倒入水淀粉，拌匀；关火后盛出煮好的汤料，装入碗中，制成调味汁备用。
4. 取出腌渍好的黄瓜片，卷成卷，串在竹签上，制成黄瓜卷，摆放在盘中，浇上调味汁即可。

小叮咛 黄瓜含有糖类、维生素C、维生素E、胡萝卜素等成分，具有美白润肤、瘦身减肥、清热解毒等功效。

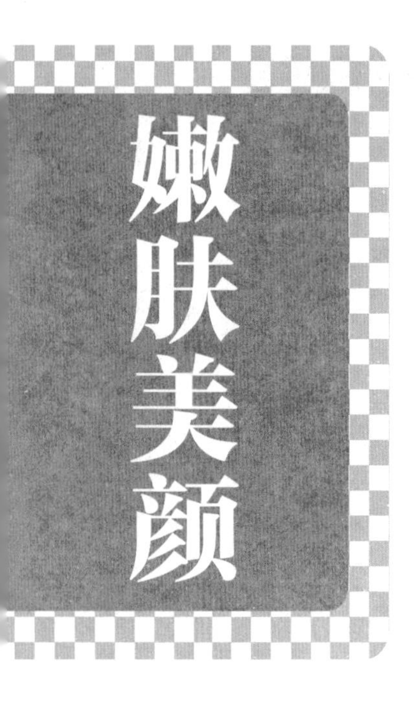

追求细嫩的肌肤、美丽的面容是女人的天性。但是随着现今工作压力的加大和家庭的日常琐事困扰，越来越多的女性出现未老先衰的症状。所以调养身心健康，改善肌肤营养刻不容缓。

饮食建议

宜多吃含软骨素丰富的食物，如鸡皮、鱼翅等，可以消除皱纹，使皮肤保持细腻，富有弹性。多喝酸牛奶，有助于软化皮肤的黏性物质，去掉死细胞，使皮肤保持光滑。

最佳搭配

✔苹果+胡萝卜=美白养颜、祛斑消脂

✔猪蹄+花生=营养肌肤、去除皱纹

✔苹果+鸡爪=补充胶原蛋白

✔红枣+玉竹=生津润肺、养血嫩肤

推荐食谱

烹饪时间2分钟；口味酸

陈皮苹果胡萝卜汁

原料 ○2人份

苹果90克，水发陈皮20克，去皮胡萝卜90克

做法

1. 洗净去皮的胡萝卜切块；洗净的苹果切瓣，去皮去核，切块；泡发好的陈皮切条，待用。
2. 榨汁机中倒入苹果块和胡萝卜块，加入陈皮条，注入80毫升凉开水，榨约25秒成蔬果汁。
3. 将榨好的蔬果汁倒入杯中即可。

胡萝卜丝炒包菜

烹饪时间2分30秒；口味清淡

原料 ○2人份

胡萝卜150克，包菜200克，圆椒35克

调料

盐、鸡粉各2克，食用油适量

做法

❶ 洗净去皮的胡萝卜切片，改切成丝；洗好的圆椒切细丝。

❷ 洗净的包菜切去根部，再切粗丝，备用。

❸ 用油起锅，倒入胡萝卜，炒匀，放入包菜、圆椒，炒匀。

❹ 注入清水炒断生，加入盐、鸡粉，炒匀调味即可。

小叮咛 包菜含有丰富的维生素C、维生素E、β-胡萝卜素等，总的维生素含量比西红柿多出3倍，因此，具有很强的抗氧化作用及抗衰老的功效。

烹饪时间15分钟；口味鲜

红椒西蓝花炒牛肉

原料 ○2人份

西蓝花200克，红椒60克，洋葱80克，牛肉180克，姜片少许

调料

盐3克，胡椒粉、鸡粉各3克，料酒10毫升，生抽5毫升，蚝油5克，水淀粉、食用油各适量

做法

1. 洗净的西蓝花切小朵；洗好的红椒去籽，切块；洗净的洋葱切小块。
2. 洗好的牛肉切片，加入1克盐、胡椒粉、5毫升料酒，拌匀，腌渍10分钟。
3. 锅中注清水烧开，加1克盐、食用油、西蓝花，焯煮片刻，捞出；倒入牛肉片，汆煮片刻，捞出。
4. 油爆姜片、洋葱，放入红椒块、牛肉片，炒匀，加5毫升料酒、蚝油、生抽、清水、西蓝花，炒匀，加1克盐、鸡粉、水淀粉，翻炒至熟即可。

小叮咛 西蓝花中富含类胡萝卜素、叶黄素、玉米黄质和β-胡萝卜素等多种强抗氧化剂，是抗衰美颜佳品。

烹饪时间2分钟；口味酸

胡萝卜葡萄柚汁

原料 ○2人份

去皮胡萝卜50克，葡萄柚100克，杏仁粉20克，柠檬汁20毫升

做法

❶ 洗净去皮的胡萝卜切块；葡萄柚去皮取果肉，切块，待用。

❷ 将胡萝卜块和葡萄柚块倒入榨汁机中，加入柠檬汁，倒入杏仁粉，注入100毫升凉开水。

❸ 盖上盖，启动榨汁机，榨约20秒成蔬果汁，断电后揭开盖，将蔬果汁倒入杯中即可。

烹饪时间2分钟；口味甜

胡萝卜山竹柠檬汁

原料 ○2人份

山竹200克，去皮胡萝卜160克，柠檬50克

做法

❶ 洗净的柠檬切成瓣儿，去皮；洗净去皮的胡萝卜切成块。

❷ 山竹去柄，切开去皮，取出果肉。

❸ 备好榨汁机，倒入山竹、胡萝卜块、柠檬，倒入适量的凉开水，调转旋钮至1档，榨取蔬果汁，将榨好的蔬果汁倒入杯中即可。

黄油西蓝花蛋炒饭

烹饪时间3分钟；口味鲜

原料 ○2人份

米饭170克，黄油30克，蛋液60克，西蓝花80克，葱花少许

调料

盐2克，鸡粉2克，生抽2毫升，食用油适量

做法

❶ 洗净的西蓝花切成小朵，待用。

❷ 锅中注清水烧开，加入食用油，倒入西蓝花，煮至断生，捞出，沥干水分。

❸ 热锅倒入黄油，烧至熔化，倒入蛋液，翻炒松散，倒入米饭，快速翻炒片刻。

❹ 加入生抽翻炒上色，倒入西蓝花，加盐、鸡粉，翻炒入味，倒入葱花炒香即可。

小叮咛 西蓝花含有膳食纤维、糖类、维生素C、胡萝卜素等成分，具有增强免疫力、润肠通便、嫩肤美颜等功效。

生菜紫甘蓝沙拉

烹饪时间1分30秒；口味清淡

原料 ○2人份

生菜、紫甘蓝各100克

调料

盐、白糖、白醋、芝麻油、沙拉酱各少许

做法

❶ 择洗好的生菜对切开，再切成小块；洗净的紫甘蓝切成小块。

❷ 取一个碗，倒入生菜、紫甘蓝，搅拌匀。

❸ 加入少许盐、白糖、白醋、芝麻油，搅拌匀。

❹ 取一个盘，倒入拌好的蔬菜，挤上少许沙拉酱即可。

小叮咛

紫甘蓝含有烟酸、维生素C、胡萝卜素、粗纤维等成分，具有美容养颜、增强免疫力等功效。

烹饪时间123分钟；口味鲜

霸王花红枣玉竹排骨汤

原料 ○2人份

霸王花6克，玉竹8克，红枣8克，白扁豆10克，杏仁10克，排骨200克

调料

盐2克

做法

1. 霸王花、玉竹、红枣、白扁豆、杏仁分别提前泡发10分钟，泡好后沥干水分，装盘待用。
2. 沸水锅中倒入洗净的排骨，汆煮一会儿至去除血水和脏污，捞出。
3. 锅中注清水，放入排骨、杏仁、红枣、玉竹、霸王花、白扁豆拌匀。
4. 用大火煮开后转小火煮2小时至食材有效成分析出，加入盐，搅匀调味，盛出煮好的汤，装碗即可。

小叮咛 霸王花红枣玉竹排骨汤清甜芳香，是一道能清心润肺、清暑解热、美容养颜、除痰止咳的滋补汤方，非常适合女性食用。

烹饪时间62分钟；口味鲜

西洋参麦冬鲜鸡汤

原料 ○2人份

鸡肉400克，麦冬20克，西洋参10克，姜片少许

调料

盐3克

做法

❶ 锅中注入适量的清水，大火烧开。

❷ 倒入备好的鸡肉，汆煮片刻去除血沫，将鸡肉捞出，沥干水分待用。

❸ 砂锅中注清水烧开，倒入鸡肉、麦冬、西洋参、姜片，搅拌片刻，烧开后转小火煮1个小时至熟软。

❹ 加入盐搅拌片刻，将煮好的汤盛出装入碗中即可。

小叮咛 麦冬具有养阴润肺、益胃生津、清心除烦等功效，对于肺燥引起的干咳、心烦失眠、皮肤干燥、嘴唇干裂等症状都有疗效。

烹饪时间65分钟；口味鲜

南乳花生焖猪蹄

原料 ○2人份

猪蹄半只，花生30克，南乳3块，葱2段，姜3片，蒜2片

调料

盐3克，白糖20克，食用油15毫升，酱油10毫升，白酒10毫升，海鲜酱15克

做法

❶ 砂锅中注清水烧开，倒入猪蹄，汆去血水，捞出；取一个容器，倒入南乳、海鲜酱、白酒，调匀成南乳酱。

❷ 油爆姜片、葱段、蒜片，倒入猪蹄，加入白糖，炒至糖熔化，放入南乳酱炒入味。

❸ 倒入酱油、盐，加入清水，没过猪蹄，大火煮沸，放入花生拌匀。

❹ 将锅内的食材倒入砂锅中，大火煮开之后转小火焖煮约60分钟至食材熟透即可。

烹饪时间45分钟；口味鲜

芡实苹果鸡爪汤

原料 ○2人份

鸡爪6只，苹果1个，芡实50克，花生15克，蜜枣1颗，胡萝卜丁100克

调料

盐3克

做法

❶ 锅中注清水烧开，倒入洗净去甲的鸡爪，搅拌一下，焯煮约1分钟，捞出，放入凉水中。

❷ 砂锅中注清水，倒入泡好的芡实、鸡爪、胡萝卜丁、蜜枣、花生，拌匀，用大火煮开后转小火续煮30分钟至食材熟软。

❸ 去除浮沫，倒入切好的苹果，拌匀，续煮10分钟至食材入味，加入盐，拌匀即可。

剁椒武昌鱼

烹饪时间10分钟；口味辣

原料 ○3人份

武昌鱼650克，剁椒60克，姜块、葱段、葱花、蒜末各少许

调料

鸡粉1克，白糖3克，料酒5毫升，食用油15毫升

做法

❶ 处理干净的武昌鱼切段；取盘，放入姜块、葱段，将鱼头摆在盘子边缘，鱼段摆成孔雀开屏状。

❷ 备一碗，倒入剁椒，加入料酒、白糖、鸡粉、10毫升食用油，拌匀，淋入武昌鱼身上。

❸ 蒸锅中注清水烧开，放上武昌鱼，用大火蒸熟，取出蒸好的武昌鱼，撒上蒜末、葱花。

❹ 另起锅注入5毫升食用油，烧至五成热，浇在蒸好的武昌鱼身上即可。

小叮咛 武昌鱼含有蛋白质、脂肪、维生素A、钙、磷、铁等营养物质，具有补虚益脾、养血美颜等功效。

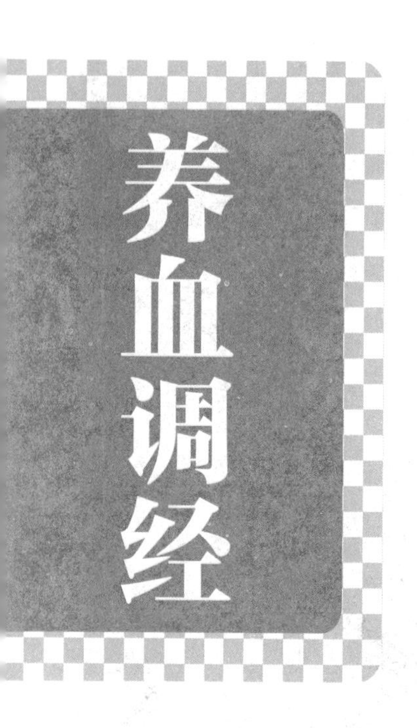

痛经是女性经期最常见的症状之一。其病因较多，血虚和血瘀是主要诱因。而年轻女性以血虚为主，所以养血补血对痛经者有很好的改善作用。

饮食建议

宜常吃补气、补血、补肝肾的食物，如鸡、鸭、鱼、鸡蛋、牛奶、鱼类、豆类等。在行经期应食温性食品，比如红糖、红枣、鸡蛋、韭菜等。不要吃生冷食物，如冷菜、冷饮、田螺、蚌肉以及食醋等。

最佳搭配

✔当归+猪腰=养血调经、润肠通便

✔红枣+黄芪=益气固表、养血补血

✔阿胶+小米=健脾润燥、滋阴养血

✔姜丝+红糖=温经散寒、调经止痛

推荐食谱

烹饪时间122分钟；口味鲜

当归炖猪腰

原料 ○2人份

猪瘦肉100克，腰花80克，当归6片，红枣4克，枸杞4克，姜片2片

调料

盐2克

做法

❶ 取出电饭锅，打开盖子，通电后倒入洗净的瘦肉。

❷ 倒入洗好的腰花，放入当归、红枣、枸杞、姜片，加入清水，搅拌均匀。

❸ 盖上盖子，按下“功能”键，调至“靓汤”状态，煮2小时至汤味浓郁，按下“取消”键，打开盖子，加盐调味，断电后将煮好的汤装碗即可。

烹饪时间40分钟；口味香

红枣黄芪蒸乳鸽

原料 ○3人份

乳鸽1只，红枣6颗，枸杞10颗，黄芪5克，葱段、姜丝各5克

调料

盐2克，生粉10克，生抽8毫升，料酒10毫升，食用油适量

做法

1. 处理干净的乳鸽去掉头部和脚趾，对半切开，再斩成小块，入沸水锅中汆煮2分钟至去除血水和脏污，捞出。
2. 乳鸽中倒入料酒，放入葱段和姜丝，加入生抽、盐、食用油，拌匀，腌渍15分钟至入味。
3. 往腌渍好的乳鸽中倒入生粉拌匀，装盘，放入黄芪，撒入枸杞，放上洗净的红枣。
4. 取出已烧开水的电蒸锅，放入食材，调好时间旋钮，蒸20分钟至熟即可。

小叮咛 鸽肉味咸、性平，具有滋补肝肾的作用，可以补气血、托毒排脓，适合月经不调的女性食用。

烹饪时间33分钟；口味甜

板栗红枣小米粥

原料 ○2人份

板栗仁100克，水发小米100克，红枣6枚

调料

冰糖20克

做法

❶ 砂锅中注入适量清水烧开，倒入小米、红枣、板栗仁，拌匀。

❷ 加盖，小火煮30分钟至食材熟软。

❸ 揭盖，放入冰糖，搅拌约2分钟至冰糖熔化。

❹ 关火，将煮好的粥盛出，装入碗中即可。

小叮咛 板栗含有蛋白质、糖类、膳食纤维、胡萝卜素、钙、磷、铁及维生素A等营养成分，具有益气补血、抗衰老、养血调经等功效。

烹饪时间65分钟；口味甜

阿胶枸杞小米粥

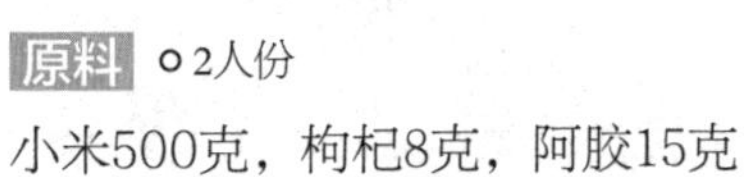

原料 ○2人份

小米500克，枸杞8克，阿胶15克

调料

红糖20克

做法

❶ 砂锅中注清水烧热，倒入小米，拌匀，盖上盖，用大火煮开后转小火续煮1小时至小米熟软。

❷ 揭盖，放入洗好的枸杞，拌匀，倒入阿胶，搅拌匀，煮至熔化，放入红糖，拌匀，煮至熔化。

❸ 关火后盛出煮好的粥，装入碗中，待稍微放凉后即可食用。

烹饪时间36分钟；口味清淡

绿豆燕麦红米糊

原料 ○2人份

水发红米220克，水发绿豆160克，燕麦片75克

做法

❶ 取豆浆机，倒入洗净的红米、绿豆、燕麦片，注入适量清水，至水位线。

❷ 盖上机头，选择“米糊”项目，再点击“启动”，待机器运转35分钟，煮成米糊。

❸ 断电后取下机头，倒出煮好的米糊，装在小碗中即可。

大麦红糖粥

烹饪时间33分钟；口味甜

原料 ○2人份

大麦渣350克

调料

红糖20克

做法

❶ 砂锅注清水，倒入大麦渣，拌匀。

❷ 加盖，用大火煮开后转小火续煮30分钟至熟软。

❸ 揭盖，倒入红糖，用中火搅拌至熔化。

❹ 关火后盛出煮好的粥，装碗即可。

小叮咛

红糖含有苹果酸、胡萝卜素、锰、锌以及多种抗氧化物质等营养成分，具有补血、调经等作用。

姜丝红糖蒸鸡蛋

烹饪时间11分钟；口味香

原料 ○2人份

鸡蛋2个，姜丝3克

调料

红糖5克，黄酒5毫升

做法

❶ 取空碗，打入鸡蛋，搅拌均匀至微微起泡；将红糖放入少许温水中，搅拌均匀。

❷ 将红糖水倒入蛋液中，边倒边搅拌，放入姜丝，加入黄酒，搅拌均匀。

❸ 备好已注清水烧开的电蒸锅，放入搅拌好的液体。

❹ 加盖，蒸10分钟至熟，揭盖，取出蒸好的鸡蛋即可。

小叮咛 姜丝红糖蒸鸡蛋是适合女性的一道养生保健佳品，能温煦身体、调经止痛、加快血液循环、滋阴补血。

烹饪时间71分钟；口味甜

桂圆红枣小麦粥

原料 ○2人份

水发小麦100克，桂圆肉15克，红枣7枚

调料

冰糖少许

做法

❶ 锅中注清水烧开，将泡发好的小麦放入，搅拌片刻，烧开后转小火熬煮40分钟至熟软。

❷ 放入备好的桂圆肉、红枣，搅拌片刻，再续煮半个小时。

❸ 加入少许冰糖，持续搅拌片刻，使食材入味。

❹ 关火，将煮好的粥盛出装入碗中即可。

桂圆含有水分、糖类、维生素C及多种矿物质成分，具有开胃益脾、养血安神、调经止痛等功效。

烹饪时间3小时；口味鲜

西洋参虫草花炖乌鸡

原料 ○2人份

乌鸡300克，虫草花15克，西洋参8克，姜片少许

调料

盐2克

做法

❶ 锅中注入适量清水大火烧开，倒入乌鸡块，搅匀汆煮片刻，去除血水。

❷ 将乌鸡捞出，沥干水分，待用。

❸ 砂锅中注入适量清水，大火烧热，倒入乌鸡、虫草花、西洋参、姜片，搅匀，煮开后转小火煮3小时至熟透。

❹ 加入盐，搅匀调味，将鸡汤盛出装入碗中即可。

小叮咛 乌鸡性平、味甘，归肝、肾经，具有滋阴补肾、养血填精的功效，多用于月经不调，病后、产后贫血者。

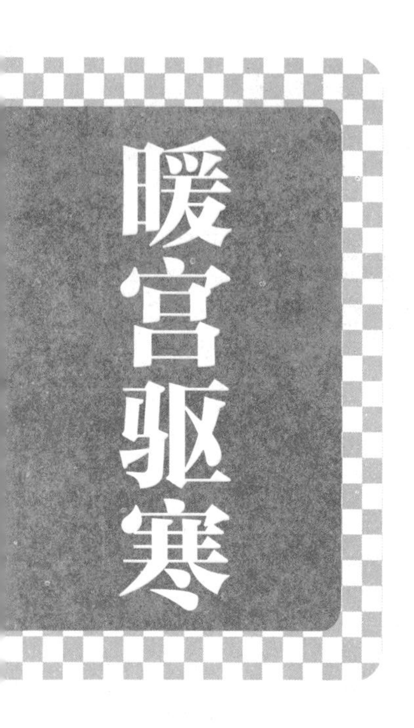

“十个女人九个寒”，宫寒对女人来说很常见，但并不意味着这是正常的现象。宫寒者常表现为浑身发胖，并伴有气短乏力、失眠多梦、月经过少、不排卵等症状。此外，宫寒还是身体虚弱、月经不调、痛经的诱因。

饮食建议

日常生活中多食用具有温补作用的食物，如枸杞、核桃、桂圆、红枣、桑葚、当归、鸡血藤、生姜、羊肉等，用来煲汤，具有温肾助阳、填精养血的功效。

最佳搭配

✔羊肉+生姜=温肾壮阳、开胃止呕

✔黑胡椒+猪肉=温阳驱寒、滋阴润燥

✔韭菜+鸡蛋=温肾助阳、滋养气血

✔艾叶+鸡蛋=温经通络、调经止带

烹饪时间12分钟；口味鲜

葱爆羊肉卷

原料 ○2人份

羊肉卷200克，大葱70克，香菜30克

调料

料酒、生抽、盐、水淀粉、蚝油、鸡粉、食用油、胡椒粉各适量

做法

❶ 洗净的羊肉卷切成片，再切成条；洗净的大葱滚刀切小块。

❷ 羊肉中加料酒、生抽、胡椒粉、盐、水淀粉，腌渍10分钟，锅中注清水烧开，倒入羊肉，汆煮去杂质，捞出。

❸ 用油起锅，倒入大葱、羊肉，炒香，放入蚝油、生抽，炒匀，再加入盐、鸡粉、香菜，翻炒片刻至熟即可。

黑胡椒猪柳

烹饪时间8分钟；口味鲜

原料 ○2人份

猪里脊肉150克，鸡蛋1个

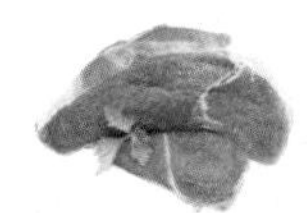

调料

盐、鸡粉、黑胡椒粉各3克，生粉2克，料酒、生抽、食用油各适量

做法

❶ 洗净的里脊肉切成厚片，两边打上十字花刀。

❷ 取一碗，倒入里脊肉，加盐、鸡粉、料酒、生抽、黑胡椒粉，拌匀。

❸ 将鸡蛋打开，取出蛋清，打进碗中，搅拌均匀，加入生粉，倒入食用油，拌匀，腌渍5分钟。

❹ 起油锅，加入里脊肉煎至两面金黄色，夹出切成粗条，叠放在盘中即可。

小叮咛 猪里脊肉具有补肾养血、滋阴润燥等功效；黑胡椒有温中下气的功效，对脘腹冷痛、呕吐清水、泄泻冷痢等有食疗作用。

烹饪时间30分钟；口味咸

丝瓜咸蛋蒸羊肉

原料 ○2人份

丝瓜160克，羊肉230克，咸蛋黄2个，姜蓉5克，蒜片10克，葱花3克

调料

胡椒粉1克，盐2克，干淀粉10克，生抽5毫升，料酒10毫升

做法

❶ 将洗净去皮的丝瓜切段；洗好的羊肉切片；备好的咸蛋黄切碎。

❷ 把羊肉装碗中，加入料酒、生抽、盐、姜蓉、胡椒粉、干淀粉，拌至羊肉起劲，腌渍一会儿。

❸ 取一蒸盘，摆上丝瓜段，放入羊肉片，撒上蒜片、蛋黄末，摆好盘。

❹ 备好电蒸锅，烧开水后放入蒸盘，蒸至食材熟透，取出蒸盘，趁热撒上葱花即可。

小叮咛 羊肉可益气补虚、促进血液循环，使皮肤红润、增强御寒能力，是宫寒冷痛女性的理想食材。

烹饪时间4分钟；口味酸

蒜泥海带丝

原料 ○2人份

水发海带丝240克，胡萝卜45克，熟白芝麻、蒜末各少许

调料

盐2克，生抽4毫升，陈醋6毫升，蚝油12克

做法

❶ 将洗净去皮的胡萝卜切细丝。

❷ 锅中注清水烧开，放入洗净的海带丝，煮至食材断生后捞出。

❸ 取一个大碗，放入焯好的海带丝，撒上胡萝卜丝、蒜末，加入盐、生抽、蚝油、陈醋，搅拌均匀，至食材入味，盛入盘中，撒上熟白芝麻即成。

烹饪时间14分钟；口味淡

姜汁干贝蒸冬瓜

原料 ○2人份

去皮冬瓜260克，水发干贝15克，姜丝6克

调料

盐2克，水淀粉10毫升，芝麻油适量

做法

❶ 冬瓜切片，沿着盘子边缘摆一圈，多余的冬瓜片放在中间，均匀地撒上盐，放上姜丝，撒上捏碎的干贝。

❷ 备好已注清水烧开的电蒸锅，放入食材，蒸10分钟至熟，取出蒸好的食材，放置一边待用。

❸ 锅置火上，倒入泡过干贝的汁水烧开，倒入芝麻油拌匀，用水淀粉勾芡，搅至汤汁浓稠，浇在冬瓜上即可。

姜汁蒸鸡

烹饪时间35分钟；口味鲜

原料 ○2人份

鸡块300克，豌豆苗60克，高汤150毫升，姜汁15毫升，葱花2克

调料

盐、鸡粉各2克，生抽、料酒各8毫升，水淀粉15毫升，芝麻油适量

做法

❶ 鸡块中加料酒、姜汁、盐，拌匀，腌渍一会儿；豌豆苗焯水断生后捞出，沥干水分。

❷ 将腌好的鸡块装入蒸碗中，摆好造型，入电蒸锅蒸至食材熟透，取出蒸碗。

❸ 稍冷却后倒扣在盘中，再围上豌豆苗；锅置火上烧热，注入高汤，大火煮沸。

❹ 加鸡粉、生抽，搅匀，再用水淀粉勾芡，滴上芝麻油，拌匀，调成味汁，浇在蒸好的菜肴上，撒上葱花即可。

小叮咛 豌豆苗含有B族维生素、维生素C、胡萝卜素以及钙、铁、磷、锌等营养成分，配以温中驱寒的姜汁，适合宫寒痛经的妇女食用。

蒜蓉豆豉蒸虾

烹饪时间12分钟；口味鲜

原料 ○3人份

基围虾270克，豆豉15克，彩椒末、姜片、蒜末、葱花各少许

调料

盐、鸡粉各2克，料酒4毫升

做法

❶ 洗净的基围虾去除头部，再从背部切开，去除虾线，待用。

❷ 取一个小碗，加入鸡粉、盐，淋入料酒，拌匀，制成味汁。

❸ 取一个蒸盘，放入基围虾，摆放成圆形，再淋上味汁，撒上豆豉，放入葱花、姜片、蒜末，放入彩椒末。

❹ 蒸锅上火烧开，放入蒸盘，用中火蒸约10分钟至食材熟透，取出蒸好的菜肴即可。

小叮咛 基围虾含有蛋白质、维生素A、维生素B_6、维生素K、钙、磷、钾、镁、硒等营养成分，具有补肾壮阳、通络止痛等功效。

烹饪时间4分钟；口味鲜

韭菜蛋炒饭

原料 ○2人份

韭菜50克，冷米饭230克，鸡蛋液85克

调料

盐2克，鸡粉2克，食用油适量

做法

❶ 择洗好的韭菜切成小段，待用。

❷ 热锅注油烧热，倒入鸡蛋液，炒至凝固，快速翻炒松散，装入碗中即可。

❸ 锅底留油烧热，倒入米饭，快速炒散，倒入韭菜，翻炒均匀。

❹ 倒入炒好的鸡蛋，翻炒片刻，加入盐、鸡粉，翻炒调味即可。

小叮咛 韭菜含有维生素C、B族维生素、矿物质、胡萝卜素等成分，具有温肾助阳、益脾健胃、行气理血的功效。

烹饪时间20分钟；口味咸

冬菜蒸牛肉

原料 ○2人份

牛肉130克，冬菜30克，洋葱末40克，姜末5克，葱花3克

调料

胡椒粉3克，蚝油5克，水淀粉10毫升，芝麻油少许

做法

1. 将洗净的牛肉切片，加蚝油、胡椒粉、姜末，倒入备好的冬菜。
2. 撒上洋葱末，拌匀，淋上水淀粉、芝麻油，拌匀，腌渍一会儿。
3. 再转到蒸盘中，摆好造型；备好电蒸锅，烧开水后放入蒸盘。
4. 盖上盖，蒸约15分钟，至食材熟透，取出蒸盘，趁热撒上葱花即可。

小叮咛 牛肉有“肉中骄子”的美称，味道鲜美，深受人们喜爱，具有益气、补脾胃、强筋壮骨、驱寒暖胃等功效。

烹饪时间2分钟；口味淡

核桃苹果拌菠菜

原料 ○2人份

苹果80克，核桃仁70克，菠菜150克，洋葱40克

调料

盐、白胡椒粉、橄榄油各适量

做法

❶ 洗净的苹果去核，切小块；择洗好的菠菜切成段；洗净的洋葱切丝。

❷ 锅中注清水烧开，倒入菠菜段，汆煮至断生，捞出，沥干水分，待用。

❸ 热锅中倒入适量橄榄油，倒入洋葱丝，炒香，倒入苹果块、核桃仁，快速翻炒均匀。

❹ 倒入菠菜炒匀，加入盐、白胡椒粉，搅拌至入味即可。

烹饪时间9分钟；口味淡

核桃蒸蛋羹

原料 ○2人份

鸡蛋2个，核桃仁3个

调料

红糖15克，黄酒5毫升

做法

❶ 备一玻璃碗，倒入温水，放入红糖，搅拌至熔化。

❷ 备一空碗，打入鸡蛋，打散至起泡，往蛋液中加入黄酒，拌匀，倒入红糖水，拌匀，待用。

❸ 蒸锅中注清水烧开，放入处理好的蛋液，用中火蒸8分钟，取出蒸好的蛋羹，撒上打碎的核桃末即可。

艾叶炒鸡蛋

烹饪时间4分钟；口味清淡

原料 ○2人份

艾叶8克，鸡蛋3个，红椒5克

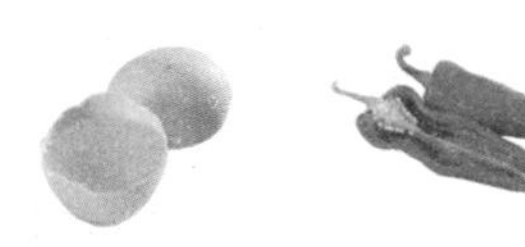

调料

盐、鸡粉各1克，食用油适量

做法

❶ 洗净的艾叶稍稍切碎；洗好的红椒切开去籽，切成丝，改切成丁。

❷ 鸡蛋打入碗中，加入盐、鸡粉，搅散，制成蛋液。

❸ 用油起锅，倒入蛋液，稍稍炒拌，放入切好的艾叶、红椒。

❹ 将食材炒约3分钟至熟，关火后盛出菜肴，装盘即可。

小叮咛 艾叶有温经止血、散寒止痛的作用，适用于吐血、衄血、崩漏、月经过多、少腹冷痛、经寒不调、宫冷不孕等病症。

Part 5

让爸爸精力充沛，全家舒心

爸爸是全家的顶梁柱，往往肩负着繁重的压力。很多人经不住压力而出现身心方面的问题。有神经紧张者；有肾虚乏力、精力不济者；有吸烟过度，免疫力下降，出现咳嗽者；有出现啤酒肚、肥胖者；还有关节不舒展，出现各种关节炎者。针对这些问题，本章就为大家带来各种养生菜，让各位爸爸吃出健康，赶走疾患。

舒缓压力

快节奏的生活，让男人无时无刻不被事业和家庭的压力所围绕，不少职场男性都会感觉工作起来力不从心，总是不在状态，这其实是脑力下降所致。为了能够振作精神，恢复充满朝气的状态，你就必须学会给大脑减压。

饮食建议

多食富含B族维生素的食物，如花生、坚果、大豆等，可以调整内分泌系统，平静情绪。镁元素能让肌肉放松，宜多食含镁量高的食物，如香蕉、菠菜、葡萄干等。

最佳搭配

✔青瓜+薄荷=疏肝解郁、缓解压力

✔金橘+柠檬=振奋精神、滋阴降火

✔开心果+黄豆=放松身心、平复情绪

✔猕猴桃+巧克力=舒缓压力、活血祛瘀

推荐食谱

烹饪时间2分钟；口味甜

黄瓜薄荷饮

原料 ○2人份

黄瓜55克，雪梨75克，鲜薄荷叶少许

调料

白糖少许

做法

❶ 取一碗清水，放入鲜薄荷叶，清洗干净，捞出，沥干水分，放入碟子中。

❷ 洗净的黄瓜切小块；洗好的雪梨取果肉，切丁。

❸ 取备好的榨汁机，选择搅拌刀座组合，倒入黄瓜和雪梨，放入洗好的薄荷叶，撒上白糖，注入适量纯净水。

❹ 选择“榨汁”功能，榨出蔬果汁，断电后倒出蔬果汁，装入杯中即可。

芦笋炒鸡柳

烹饪时间2分30秒；口味鲜

原料 ○2人份

鸡胸肉150克，芦笋120克，西红柿75克

调料

盐3克，鸡粉2克，水淀粉、食用油各适量

做法

❶ 洗净去皮的芦笋切粗条；洗好的鸡胸肉切成鸡柳；洗净的西红柿切小瓣，去瓤。

❷ 把鸡柳装入碗中，加入1克盐、1克鸡粉、水淀粉，拌匀，腌渍入味。

❸ 锅中注清水烧开，倒入芦笋条，加入食用油、1克盐，煮断生后捞出。

❹ 用油起锅，倒入腌渍好的鸡柳，炒至变色，倒入芦笋条、西红柿，加1克盐、1克鸡粉，炒匀，再倒入水淀粉，翻炒至食材熟透即成。

小叮咛 芦笋含有天门冬酰胺、胡萝卜素、精氨酸、香豆素、挥发油等营养成分，具有增进食欲、帮助消化、清热除烦等功效。

烹饪时间3分钟；口味鲜.

芦笋沙茶酱辣炒虾

原料 ○2人份

芦笋150克，虾仁150克，蛤蜊肉50克，白葡萄酒100毫升，姜片、葱段各少许

调料

沙茶酱10克，泰式甜辣酱4克，鸡粉2克，生抽5毫升，水淀粉5毫升，食用油适量

做法

1. 洗净的芦笋切小段；处理干净的虾仁去除虾线。
2. 锅中注清水烧开，倒入芦笋煮断生后捞出；将处理好的蛤蜊肉倒入沸水中，略煮一会儿，捞出。
3. 油爆姜片、葱段，加入沙茶酱、泰式甜辣酱，翻炒均匀，倒入虾仁，淋入白葡萄酒，炒匀。
4. 倒入芦笋、蛤蜊肉，快速翻炒匀，加入鸡粉、生抽、水淀粉，炒入味即可。

小叮咛 蛤蜊有滋阴、软坚、化痰的作用，可滋阴润燥，能用于五脏阴虚消渴、纳汗、干咳、失眠、燥热等病症的调理和治疗。

烹饪时间1分30秒；口味苦

金橘柠檬苦瓜汁

原料 ○2人份

金橘200克，苦瓜120克，柠檬片40克

调料

食粉少许

做法

❶ 锅中注清水烧开，撒上少许食粉，放入洗净的苦瓜，煮断生后捞出放凉，切成丁。

❷ 洗净的金橘切小块。

❸ 取榨汁机，选择搅拌刀座组合，倒入金橘、苦瓜，注入少许矿泉水，通电后选择“榨汁”功能，榨一会儿，使食材榨出汁水。

❹ 再放入柠檬片，再次选择“榨汁”功能，搅拌至食材混合匀即成。

烹饪时间17分钟；口味甜

枸杞开心果豆浆

原料 ○2人份

枸杞10克，开心果8克，水发黄豆50克

调料

白糖适量

做法

❶ 将已浸泡8小时的黄豆倒入碗中 ，加清水洗净，倒入滤网，沥干水分。

❷ 把洗好的黄豆倒入豆浆机中，放入洗好的枸杞、开心果，加入适量白糖，注入适量清水。

❸ 盖上豆浆机机头，选择“五谷”程序，再选择“开始”键，开始打浆。

❹ 待豆浆机运转约15分钟，即成豆浆，倒入滤网，滤取豆浆，倒入杯中，撇去浮沫即可。

橙香蓝莓沙拉

烹饪时间4分钟；口味甜

原料 ○2人份

橙子60克，蓝莓50克，
葡萄50克，橘子50克

调料

酸奶50毫升

做法

❶ 洗净的橙子切片；洗好的橘子对半切开。

❷ 洗净的葡萄对半切开。

❸ 取一碗，放入橘子、葡萄、蓝莓，拌匀。

❹ 取一盘，摆放上切好的橙子片，倒入拌好的水果，浇上酸奶即可。

小叮咛 蓝莓含有膳食纤维、维生素C、有机酸、钙、镁等营养成分，具有增强记忆力、保护眼睛、除烦减压等作用。

香蕉牛奶甜汤

烹饪时间8分钟；口味甜

原料 ○1人份

香蕉60克，牛奶少许

调料

白糖适量

做法

❶ 香蕉去皮，切成小块，备用。

❷ 锅中注入适量清水烧开，将香蕉倒入锅中，搅拌片刻，盖上锅盖，用小火煮7分钟。

❸ 揭开锅盖，倒入备好的牛奶，加入适量白糖，搅拌片刻至其熔化。

❹ 将煮好的香蕉甜汤盛出，装入碗中即可。

小叮咛 香蕉含有糖类、灰分、维生素C、B族维生素等营养成分，具有清热润肠、减压排毒等功效。

烹饪时间25分钟；口味甜

猕猴桃巧克力玛芬

原料 ○2人份

低筋面粉100克，泡打粉3克，可可粉15克，蛋白30克

调料

细砂糖80克，色拉油50毫升，牛奶65毫升，切块的猕猴桃果肉适量

做法

❶ 取一玻璃碗，加入蛋白、细砂糖，用电动搅拌器打发，加入可可粉、泡打粉、低筋面粉，搅匀。

❷ 淋入色拉油，边倒边搅，缓缓加入牛奶，不停搅拌，蛋糕浆制成。

❸ 取数个蛋糕纸杯，用长柄刮板将拌好的蛋糕浆逐一刮入纸杯中至六七分满。

❹ 蛋糕杯中放入猕猴桃果肉，纸杯放入烤盘，再放入烤箱中烤15分钟至熟即可。

小叮咛 猕猴桃含有钙、磷、铁、胡萝卜素和多种维生素等营养物质，具有生津除烦、开胃消食、增强免疫力、美容养颜等功效。

烹饪时间2分钟；口味甜

芒果莲雾桂圆汁

原料 ○2人份

芒果150克，莲雾100克，桂圆80克

调料

椰汁60毫升

做法

❶ 洗净的芒果切开、去核，将果肉取出切成块；洗净的莲雾切开，再切成小块；去壳的桂圆去籽，待用。

❷ 备好榨汁机，倒入芒果块、莲雾块、桂圆。

❸ 倒入备好的椰汁，加入少许清水，盖上盖，调转旋钮至1档，榨取果汁。

❹ 打开盖，将榨好的果汁倒入杯中即可。

小叮咛 莲雾带有特殊的香味，是天然的解热剂。由于含有许多水分，在食疗上有解热、利尿、宁心安神的作用。

益气补肾

肾虚分肾阴虚和肾阳虚两种类型。肾阳虚者腰膝酸冷、四肢发凉、精神疲倦、阳痿、早泄；而肾阴虚者面色发红、眩晕耳鸣、遗精、早泄。作为家庭顶梁柱的男性，要经常进食具有益气补肾作用的食物，以强身健体。

饮食建议

肾阳虚者宜温补脾肾阳气，少食生冷黏腻之品，可选用羊肉、狗肉、麻雀肉、鹿肉、鳝鱼、核桃、板栗、韭菜等。肾阴虚者饮食宜清淡，远肥腻厚味及燥烈之品，可选择的食物有墨鱼、龟、鳖、海参、鲍鱼、鸭肉等。

最佳搭配

✔干贝+白果=滋补肾阴、润肺定喘

✔红豆+黑米=益气补肾、养血安神

✔核桃+鹌鹑蛋=补肾助阳、益智健脑

✔鲍鱼+蒜=健脾开胃、滋阴润燥

推荐食谱

烹饪时间45分钟；口味鲜

白果干贝大米粥

原料 ○2人份

白果40克，水发干贝55克，水发大米120克

调料

盐、鸡粉各2克

做法

❶ 取锅，注入适量清水，倒入泡好的大米和干贝。

❷ 加入洗好的白果，搅拌均匀，调整旋钮至“高”挡，将粥煮开，再调整旋钮至中低挡，续煮35分钟至熟软。

❸ 加入盐、鸡粉，搅拌调味，稍煮片刻至入味后关火，盛出煮好的粥，装碗即可。

虾米干贝蒸蛋羹

烹饪时间8分30秒；口味鲜

原料 ○2人份

鸡蛋120克，水发干贝40克，虾米90克，葱花少许

调料

生抽5毫升，芝麻油、盐各适量

做法

1. 取一个碗，打入鸡蛋，搅散，加入少许盐，注入适量温水，搅匀，倒入蒸碗中。
2. 蒸锅上火烧开，放上蛋液，盖上锅盖，中火蒸5分钟至熟。
3. 掀开锅盖，在蛋羹上撒上虾米、干贝，盖上盖，续蒸3分钟至入味。
4. 掀开锅盖，取出蛋羹，淋上生抽、芝麻油，撒上葱花即可。

小叮咛 虾米含有钾、碘、镁、磷、维生素A、氨茶碱等成分，具有补肾壮阳、开胃消食、增强免疫力等功效。

烹饪时间32分钟；口味苦

黑米莲子糕

原料 ○2人份

水发黑米100克，水发糯米50克，莲子适量

调料

白砂糖20克

做法

❶ 备好的一个碗，倒入黑米、糯米、白砂糖，拌匀。

❷ 将拌好的食材倒入模具中，再摆上莲子。

❸ 将剩余的食材依次倒入模具中，备用。

❹ 电蒸锅注清水烧开上汽，放入米糕，蒸30分钟，取出即可食用。

小叮咛 黑米含蛋白质、糖类、B族维生素、维生素E、膳食纤维等成分，具有明目活血、滋补肝肾等功效。

烹饪时间21分钟；口味清淡

红豆黑米豆浆

原料 ○2人份

红豆30克，黑米35克，水发黄豆45克

做法

❶ 将黑米、红豆倒入碗中，放入已浸泡8小时的黄豆，加入清水洗净，倒入滤网，沥干水分。

❷ 把洗好的材料倒入豆浆机中，注入适量清水，盖上豆浆机机头，选择“五谷”程序，再选择“开始”键，开始打浆。

❸ 待豆浆机运转约20分钟，即成豆浆，把煮好的豆浆倒入滤网，滤取豆浆，倒入碗中，撇去浮沫即可。

烹饪时间42分钟；口味淡

百合黑米粥

原料 ○2人份

水发大米120克，水发黑米65克，鲜百合40克

调料

盐2克

做法

❶ 砂锅中注入适量清水烧热，倒入大米、黑米、百合，拌匀。

❷ 盖上盖，烧开后用小火煮约40分钟至食材熟透。

❸ 揭开盖，放入盐，拌匀，煮至粥入味即可。

卤猪腰

烹饪时间8分钟；口味咸

原料 ○2人份

猪腰250克，姜片、葱结、香菜段各少许

调料

盐3克，生抽5毫升，料酒4毫升，陈醋、芝麻油、辣椒油各适量

做法

❶ 洗净的猪腰切开，去除筋膜。

❷ 锅中注清水烧开，加入料酒、1克盐、2毫升生抽，放入姜片、葱结，大火略煮片刻。

❸ 倒入猪腰，拌匀，中火煮约6分钟至熟，将猪腰捞出，放入盘中，放凉后切成粗丝。

❹ 取一碗，放入猪腰、香菜段，加入3毫升生抽、2克盐、陈醋、辣椒油、芝麻油，拌匀即可。

小叮咛 猪腰含有蛋白质、胆固醇、维生素A、维生素C、钾、磷、钠、镁等营养成分，具有益气补血、补肾强腰、利尿消肿等功效。

五彩鸽丝

烹饪时间6分钟；口味鲜

原料 ○3人份

鸽子肉700克，青椒20克，红椒10克，芹菜60克，去皮胡萝卜45克，去皮莴笋30克，冬笋40克，姜片少许

调料

盐、鸡粉、料酒、水淀粉、食用油各适量

做法

❶ 鸽子肉洗净切条；洗净的青椒、红椒切去头尾，去籽，切条状。

❷ 洗好的莴笋切丝；洗好的芹菜切段；洗过的冬笋切条；洗好的胡萝卜切条。

❸ 鸽子肉加盐、料酒、水淀粉，腌渍入味；冬笋条、胡萝卜煮断生后捞出。

❹ 用油起锅，倒入鸽子肉炒片刻，加姜片、料酒、红椒、青椒、莴笋、芹菜、胡萝卜、冬笋，炒至食材熟透，加入料酒、盐、鸡粉，炒匀，用水淀粉勾芡即可。

小叮咛 鸽子肉含有蛋白质、维生素A、B族维生素、钙、铁、铜等营养物质，具有壮体补肾、提高记忆力、养颜美容等功效。

烹饪时间22分钟；口味甜

银耳核桃蒸鹌鹑蛋

原料 ○2人份

水发银耳150克，核桃25克，熟鹌鹑蛋10个

调料

冰糖20克

做法

❶ 泡发好的银耳切去根部，切成小朵。

❷ 备好的核桃用刀背将其拍碎。

❸ 备好蒸盘，摆入银耳、核桃碎，再放入鹌鹑蛋、冰糖，待用。

❹ 电蒸锅注清水烧开，放入食材，调转旋钮定时20分钟，待时间到，将食材取出即可。

小叮咛 核桃仁具有滋补肝肾、强健筋骨的功效，核桃油中油酸、亚油酸等不饱和脂肪酸可预防动脉硬化、冠心病等病症。

烹饪时间23分钟；口味鲜

香菇蒸鹌鹑蛋

原料 ○2人份

鲜香菇150克，鹌鹑蛋90克，枸杞2克，葱花2克

调料

盐2克，蒸鱼豉油8毫升

做法

❶ 将洗净的香菇去除菌柄，铺放在蒸盘中，摆开，再打入鹌鹑蛋。

❷ 均匀地撒上盐，点缀上洗净的枸杞，待用。

❸ 备好电蒸锅，烧开水后放入蒸盘，盖上盖，蒸约20分钟，至食材熟透。

❹ 断电后揭盖，取出蒸盘，趁热淋上蒸鱼豉油，撒上葱花即可。

小叮咛 鹌鹑蛋含丰富的蛋白质、脑磷脂、卵磷脂、赖氨酸、胱氨酸、铁、磷、钙等营养物质，可补气益血、强筋壮骨。

烹饪时间2分钟；口味淡

蓝莓葡萄汁

原料 ○1人份

葡萄30克，蓝莓20克

做法

❶ 取榨汁机，选择搅拌刀座组合。

❷ 倒入洗净的蓝莓、葡萄，倒入适量纯净水。

❸ 盖上盖，选择“榨汁”功能，榨取果汁，将榨好的果汁倒入滤网中，滤入杯中即可。

烹饪时间2分钟；口味酸

葡萄菠萝柠檬汁

原料 ○2人份

葡萄80克，去皮菠萝90克，柠檬片30克

调料

蜂蜜20毫升

做法

❶ 菠萝洗净去心，切块；洗净的葡萄对半切开；备好的柠檬片去皮，去核，待用。

❷ 榨汁机中倒入菠萝块和葡萄，加入柠檬，注入70毫升凉开水，盖上盖，榨约25秒成果汁。

❸ 揭开盖，将果汁倒入杯中，淋入蜂蜜即可。

姜葱蒸小鲍鱼

烹饪时间10分钟；口味鲜

原料 ○2人份

小鲍鱼6只，红椒丁15克，葱花5克，蒜末15克，姜丝10克

调料

盐2克，蒸鱼豉油10毫升，食用油适量

做法

❶ 处理好的小鲍鱼肉两面划上花刀，撒上盐后再放入壳中。

❷ 用油起锅，放入姜丝、红椒丁、蒜末，翻炒爆香，将炒好的料浇在鲍鱼上，待用。

❸ 电蒸锅注清水烧开，放入小鲍鱼，盖上锅盖，定时蒸8分钟。

❹ 待8分钟后，掀开锅盖，取出鲍鱼，淋上蒸鱼豉油，撒上葱花即可。

小叮咛

鲍鱼含有丰富的蛋白质，还有较多的钙、铁、碘和维生素A等营养元素，有滋阴补肾、润肺清热，养肝明目的功效。

润肺止咳

男性随着年龄的增长，开始出现咳嗽症状，牙齿变黄。千万别忽视这样的肺部征兆！抽烟、呼吸污染的空气都是罪魁祸首。特别是有烟瘾的男性，提了神却伤了肺。

饮食建议

日常饮食应以清淡为主，多食蔬菜水果及豆制品，少食肉食及含脂肪较多的食物，忌食辛辣，戒烟酒。蔬菜以丝瓜、鲜藕、南瓜等为主，水果以柑橘、梨等为主。此外，多食用具有养阴润肺作用的药食同源之品，如百合、杏仁、白果等。

最佳搭配

✔银耳+百合=滋阴润肺、止咳化痰

✔川贝+西洋参=润肺止咳、清热生津

✔玉竹+杏仁=止咳化痰、清热润肺

✔雪梨+冰糖=滋阴润燥、化痰止咳

推荐食谱

烹饪时间32分钟；口味淡

银耳山药百合饮

原料 ○2人份

水发银耳80克，去皮山药30克，鲜百合50克

调料

蜂蜜适量

做法

1. 泡发好的银耳切掉根部，切碎；洗净去皮的山药切块。
2. 沸水锅中倒入银耳碎，煮30分钟至熟软，倒入百合，煮片刻，捞出。
3. 榨汁机中倒入银耳、百合，放入山药块，注入凉开水，榨成汁，倒入杯中，淋上蜂蜜即可。

烹饪时间43分钟；口味甜

木瓜银耳汤

原料 ○3人份

木瓜200克，枸杞30克，水发莲子65克，水发银耳95克

调料

冰糖40克

做法

1. 洗净的木瓜切块，待用。
2. 砂锅注清水烧开，倒入切好的木瓜，放入洗净泡好的银耳、莲子，搅拌均匀。
3. 用大火煮开后转小火续煮30分钟至食材变软。
4. 倒入枸杞，放入冰糖，搅拌均匀，续煮10分钟至食材熟软入味，盛出煮好的甜汤，装碗即可。

小叮咛 银耳富含多种营养物质，其中大部分为人体必需的氨基酸，对口疮有很好的缓解作用，还能滋阴润肺、益胃和血。

烹饪时间122分钟；口味甜

西洋参川贝苹果汤

原料 ○2人份

苹果120克，川贝20克，西洋参8克，瘦肉180克，雪梨130克，无花果15克，蜜枣25克，杏仁10克

调料

盐2克

做法

1. 将洗净的雪梨去核，切小块；洗好的苹果去核，切块；洗净的瘦肉切开，再切大块。
2. 锅中注清水烧开，倒入瘦肉块，汆约2分钟，捞出。
3. 砂锅中注清水烧热，倒入瘦肉块，放入苹果、雪梨，撒上西洋参和川贝，倒入洗净的蜜枣、杏仁与无花果，煲煮至食材熟透。
4. 加入盐，拌匀、略煮，至汤汁入味，盛出煮好的苹果汤，装在碗中即可。

小叮咛 西洋参能补气养阴、清热生津，适用于气虚阴亏、内热、咳喘、虚热烦倦、消渴、口燥喉干等症。

烹饪时间1分30秒；口味酸

桔梗拌海蜇

原料 ○2人份

水发桔梗100克，熟海蜇丝85克，葱丝、红椒丝各少许

调料

盐、白糖各2克，胡椒粉、鸡粉各适量，生抽5毫升，陈醋12毫升

做法

❶ 将洗净的桔梗切细丝，备用。

❷ 取一个碗，放入切好的桔梗，倒入备好的海蜇丝，加入盐、白糖、鸡粉，淋入生抽。

❸ 再倒入陈醋，撒上少许胡椒粉，搅拌一会儿，至食材入味，将拌好的菜肴盛入盘中，点缀上葱丝、红椒丝即可。

烹饪时间123分钟；口味清淡

沙参玉竹雪梨银耳汤

原料 ○2人份

沙参15克，玉竹15克，雪梨150克，水发银耳80克，苹果100克，杏仁10克，红枣20克

调料

冰糖30克

做法

❶ 洗净的雪梨去内核，切块；洗好的苹果去内核，切块。

❷ 砂锅中注清水烧开，倒入沙参、玉竹、雪梨、银耳、苹果、杏仁、红枣，拌匀，煮至有效成分析出。

❸ 加入冰糖，拌匀，稍煮片刻至冰糖熔化，搅拌片刻至入味，盛出煮好的汤，装入碗中即可。

玉竹杏仁猪骨汤

烹饪时间122分钟；口味淡

原料 ○2人份

玉竹10克，北沙参10克，杏仁8克，白芍8克，猪骨块200克，隔渣袋1个

调料

盐2克

做法

❶ 将白芍装入隔渣袋里，系好袋口，装入碗中，再放入玉竹、北沙参、杏仁，倒入清水泡发10分钟。

❷ 将泡好的隔渣袋取出，沥干水分；将泡好的玉竹、北沙参、杏仁取出，沥干水分。

❸ 锅中注水烧开，放入猪骨块，汆煮片刻，捞出。

❹ 砂锅中注清入清水，倒入猪骨块、玉竹、北沙参、杏仁、白芍，拌匀，大火煮开，转小火煮120分钟，加入盐，稍稍搅拌至入味即可。

小叮咛 此汤富含多种营养物质，是润肺止咳、清热润燥的良方，适合经常熬夜的人和阴虚燥咳者食用。

北沙参清热润肺汤

烹饪时间120分钟；口味鲜

原料 ○3人份

北沙参、麦冬、玉竹、白扁豆、龙牙百合各适量，瘦肉200克

调料

盐2克

做法

❶ 将备好的北沙参、麦冬、玉竹、白扁豆、龙牙百合分别置于清水中洗净，再分别用清水泡发；瘦肉切块。

❷ 锅中注清水烧开，放入洗净的瘦肉块，氽去血渍后捞出，沥干水分，待用。

❸ 砂锅中注入清水，倒入瘦肉块，放入北沙参、麦冬、玉竹和白扁豆，煮至食材熟软。

❹ 倒入泡好的龙牙百合，用小火续煮至食材熟透，放入盐调味，略煮一小会儿即可。

小叮咛 此汤是一道具有滋阴润肺、清咽润燥效果的食疗良方，能有效地缓解呼吸道不适症状，也可用于阴虚目涩、口干舌燥等阴虚证。

烹饪时间183分钟；口味清淡

沙参玉竹海底椰汤

原料 ○2人份

海底椰20克，玉竹20克，沙参30克，瘦肉250克，去皮莲藕200克，玉米150克，佛手瓜170克，姜片少许

调料

盐2克

做法

❶ 洗净的去皮莲藕切块；洗好的佛手瓜切块；洗净的玉米切段；洗好的瘦肉切块。

❷ 锅中注清水烧开，倒入瘦肉，汆煮片刻，捞出，沥干水分，装盘待用。

❸ 砂锅中注入清水，倒入瘦肉、莲藕、佛手瓜、玉米、姜片、海底椰、玉竹、沙参，拌匀。

❹ 大火煮开转小火煮3小时至食材熟透，加入盐，搅拌片刻至入味即可。

小叮咛 海底椰是一种夏季常见的汤料，有滋阴润肺、除燥清热、润肺止咳等作用，适合咳嗽有痰、咽喉不适者食用。

烹饪时间2分30秒；口味鲜

虫草花炒茭白

原料 ○2人份

茭白120克，肉末55克，虫草花30克，彩椒35克，姜片少许

调料

盐2克，白糖、鸡粉各3克，料酒7毫升，水淀粉、食用油各适量

做法

1. 洗净去皮的茭白切成粗丝；洗好的彩椒切粗丝。
2. 锅中注清水烧开，倒入洗净的虫草花，放入茭白丝拌匀，淋入3毫升料酒，略煮一会儿。
3. 倒入彩椒丝，加入少许食用油，煮断生，捞出。
4. 用油起锅，倒入肉末，炒匀，撒上姜片炒香，淋入4毫升料酒，炒匀提味，倒入焯过水的材料，炒熟软，加盐、白糖、鸡粉，倒入水淀粉，用中火翻炒至食材入味即成。

小叮咛 虫草花有益肝肾、补精髓、止血化痰的功效，主要用于治疗眩晕耳鸣、健忘不寐、腰膝酸软、阳痿早泄、久咳虚喘等症的辅助治疗。

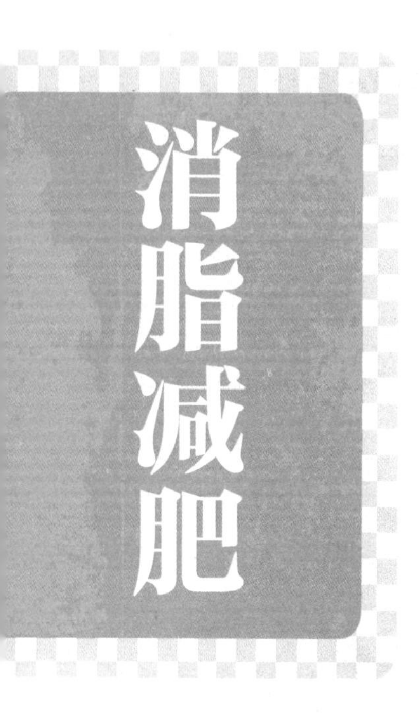

男性拥有一个健康标准的身体，是对自己和家人负责。肥胖会给自己带来诸多不良的后果，如脂肪肝、高血压等。男性久坐、喝啤酒容易导致肥胖，所以减肥必须重视。

饮食建议

食谱中蔬菜水果的分量占最高，蔬菜纤维多，不仅需要较多的时间咀嚼，而且进入胃之后，会吸收水分膨胀，使胃有饱足感。同时，减肥者要改变进食顺序，可以先喝汤、吃蔬菜类的食物，最后再食用米饭、面条。

最佳搭配

✔绿豆芽+鳝丝=消脂减肥、清心除烦

✔豆腐+洋葱=健脾和胃、去脂瘦身

✔柠檬+苹果=分解脂肪、排毒瘦身

✔魔芋+鸭肉=滋阴润燥、减肥通便

推荐食谱

泡制时间 24小时；口味酸

黄豆芽泡菜

原料 ○2人份

黄豆芽100克，大蒜25克，韭菜50克，葱条15克，朝天椒15克，白酒50毫升

调料

盐、白醋各适量

做法

❶ 葱条洗净，切段；朝天椒洗净，拍破；韭菜洗净，切段；大蒜洗净，拍破。

❷ 豆芽装碗中，加盐拌匀，再用清水洗净，玻璃罐中倒入白酒，加温水，再加入盐、白醋，拌匀。

❸ 放入朝天椒、大蒜，倒入黄豆芽、韭菜、葱段，加盖密封，置于16～18℃的室温下泡制一天一夜即成。

绿豆芽炒鳝丝

烹饪时间2分钟；口味辣

原料 ○2人份

绿豆芽40克，鳝鱼90克，青椒、红椒各30克，姜片、蒜末、葱段各少许

调料

盐3克，鸡粉3克，料酒6毫升，水淀粉、食用油各适量

做法

❶ 洗净的红椒、青椒切开，去籽，切成丝；将处理干净的鳝鱼切成丝。

❷ 把鳝鱼丝装入碗中，放入1克鸡粉、1克盐、3毫升料酒、水淀粉、食用油，拌匀，腌渍入味。

❸ 油爆姜片、蒜末、葱段，放入青椒、红椒，拌炒匀，倒入鳝鱼丝，翻炒匀。

❹ 淋入3毫升料酒，炒香，放入洗好的绿豆芽，加入2克盐、2克鸡粉、水淀粉，快速炒匀即可。

小叮咛 绿豆芽的热量很低，又含有丰富的纤维素，可促进肠蠕动，具有通便的作用，常食具有减肥的作用。

烹饪时间3分钟；口味鲜

草菇冬瓜球

原料 ○2人份

冬瓜球300克，草菇100克，红椒30克，高汤80毫升

调料

盐2克，鸡粉2克，胡椒粉2克，水淀粉4毫升，食用油适量

做法

1. 洗净的红椒切成圈；锅中注清水烧开，倒入洗好的草菇，略煮一会儿，捞出。
2. 沸水锅中倒入冬瓜球，煮至断生，捞出，沥干水分，备用。
3. 热锅注油，倒入高汤，加入盐、鸡粉、胡椒粉，搅匀调味。
4. 倒入冬瓜、草菇、红椒，炒匀，煮至沸，倒入水淀粉勾芡即可

小叮咛 冬瓜含有蛋白质、丙醇二酸、纤维素及多种维生素、矿物质，具有增强免疫力、清热利尿等功效，是肥胖人士的理想食材。

烹饪时间3分钟；口味辣

豆芽拌洋葱

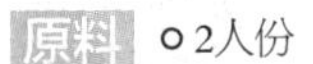 ○2人份

黄豆芽100克，洋葱90克，胡萝卜40克，蒜末、葱花各少许

调料

盐2克，鸡粉2克，生抽4毫升，陈醋3毫升，辣椒油、芝麻油各适量

做法

❶ 将洗净的洋葱切成丝；去皮洗好的胡萝卜切成丝。

❷ 锅中注清水烧开，放入黄豆芽、胡萝卜，搅匀，煮断生，再放入洋葱，煮半分钟，捞出。

❸ 放入少许蒜末、葱花，倒入生抽，加盐、鸡粉、陈醋、辣椒油、芝麻油，拌匀即可。

烹饪时间57分钟；口味清淡

小米洋葱蒸排骨

原料 ○2人份

水发小米200克，排骨段300克，洋葱丝35克，姜丝少许

调料

盐3克，白糖、老抽各少许，生抽3毫升，料酒6毫升

做法

❶ 把洗净的排骨段装碗中，放入洋葱丝，撒上姜丝，搅拌匀。

❷ 再加入盐、白糖、料酒、生抽、老抽，拌匀，倒入洗净的小米，搅拌一会儿，转入蒸碗中，腌渍约20分钟。

❸ 蒸锅上火烧开，放入蒸碗，用大火蒸至食材熟透，取出蒸好的菜肴，稍微冷却后食用即可。

柠檬彩蔬沙拉

烹饪时间2分钟；口味甜

原料 ○2人份

生菜60克，柠檬20克，黄瓜50克，胡萝卜50克，酸奶50毫升

调料

蜂蜜少许

做法

❶ 择洗好的生菜用手撕成小段，放入碗中。

❷ 洗净去皮的胡萝卜切成丁；洗净去皮的黄瓜切成丁；洗净的柠檬切成薄片。

❸ 锅中注清水烧开，倒入胡萝卜，略煮片刻至断生，捞出，沥干水分待用。

❹ 将黄瓜丁、胡萝卜丁倒入生菜碗中，搅拌匀；取一个盘子，摆上柠檬片，倒入拌好的食材，浇上酸奶，放入少许蜂蜜调味即可。

小叮咛 黄瓜含有一种叫丙醇二酸的物质，这种物质可以抑制糖类物质转化为脂肪，有消脂减肥的作用。

酸脆鸡柳

烹饪时间2分钟；口味鲜

原料 ○2人份

鸡腿肉200克，柠檬20克，橙汁50毫升，柠檬皮10克，蛋液20克，脆炸粉25克

调料

盐3克，生粉5克，食用油适量

做法

❶ 洗净的鸡腿肉切成大块；柠檬皮切成粒；将柠檬汁挤入鸡腿肉上，加盐、柠檬皮拌匀，腌渍半小时。

❷ 在蛋液中加入生粉拌匀，将腌渍好的鸡肉放入蛋液中，再沾上脆炸粉。

❸ 锅中注油烧热，将鸡肉放入油锅中，炸至金黄色，捞出。

❹ 热锅注油，倒入柠檬皮炒香，倒入炸好的鸡肉炒匀，倒入橙汁翻炒匀即可。

小叮咛 柠檬含有B族维生素、维生素C、糖类、钙、磷、铁等营养成分，具有抗菌消炎、美容护肤、消脂减肥等功效。

烹饪时间 2分钟；口味鲜

老黄瓜炒花甲

原料 ○2人份

老黄瓜190克，花甲230克，青椒、红椒各40克，姜片、蒜末、葱段各少许

调料

豆瓣酱5克，盐、鸡粉各2克，料酒4毫升，生抽6毫升，水淀粉、食用油各适量

做法

❶ 将洗净去皮的老黄瓜去除瓜瓤，切成片；洗好的青椒、红椒切开，去籽，再切成小块。

❷ 锅中注清水烧开，倒入洗净的花甲，用大火煮一会儿，捞出，放入清水中清净。

❸ 油爆姜片、蒜末、葱段，倒入黄瓜片、青椒、红椒，快速翻炒一会儿，再放入花甲炒匀。

❹ 加入豆瓣酱、鸡粉、盐、料酒、生抽，炒匀，倒入少许水淀粉炒至食材熟透即成。

小叮咛 花甲的蛋白质含量高，而脂肪含量低，不饱和脂肪酸含量较高，易被人体消化吸收，是减肥人士的理想食材。

烹饪时间12分钟；口味辣

凉拌黄瓜条

原料 ○2人份

黄瓜190克，去皮蒜头30克，干辣椒20克

调料

苏籽油5毫升，白糖2克，蒸鱼豉油10毫升

做法

❶ 去皮的蒜头用刀拍扁；洗净的黄瓜对半切开，切长条，改切小段。

❷ 取一碗，倒入拍扁的蒜头，放入干辣椒，淋入蒸鱼豉油。

❸ 倒入白糖，加入苏籽油，倒入切好的黄瓜，充分拌匀。

❹ 腌渍10分钟以入味，将腌好的黄瓜摆盘即可。

小叮咛 黄瓜中所含的纤维素能促进肠内腐败食物排泄，减少有毒物质的吸收，而且能抑制糖类转化为脂肪，有降血脂、减肥功效。

舒筋活络

经络影响着人体气血的运行，通则不痛，痛则不通，经络不通身体就会有疼痛。长期伏案工作的人士，因缺乏运动，再加上空调的低温环境，人体气血运行缓慢。长此以往容易出现经络不通的症状。

饮食建议

宜食用具有通经络作用的药材与食材，如三七、丹参、羊肉、狗肉、花椒、茴香。禁吃生冷食物，如栀子、芦根、夏枯草、苦瓜、西红柿、黄瓜、西瓜、冬瓜等。

最佳搭配

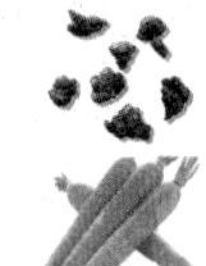

✔三七+党参=益气生津、活血祛瘀

✔胡萝卜+山楂=舒筋活络、活血化瘀

✔桂花+蜂蜜=缓急止痛、润燥化痰

✔三七+丹参=活血祛瘀、消除心痛

推荐食谱

烹饪时间22分钟；口味甜

酸甜李子饮

原料 ○2人份

李子120克，雪梨80克

调料

冰糖30克

做法

❶ 洗净的李子切取果肉；洗好的雪梨，去核，切成小瓣，去皮，把果肉切成小块。

❷ 砂锅中注清水烧开，倒入李子、雪梨，拌匀，烧开后用小火煮约20分钟至食材熟透。

❸ 倒入冰糖，搅拌匀，用大火煮至熔化，盛出煮好的李子饮即可。

李子果香鸡

烹饪时间23分钟；口味鲜

原料 3人份

鸡肉块400克，李子160克，土豆180克，洋葱40克，红椒片15克，八角、姜片各少许

调料

盐2克，生抽4毫升，料酒、食用油各少许

做法

1. 洗净去皮的土豆切滚刀块；洗好的洋葱切成片。
2. 锅中注清水烧开，倒入鸡肉快，拌匀，氽去血渍，捞出，沥干水分。
3. 用油起锅，放入八角、姜片，爆香，倒入鸡肉炒匀，淋入料酒、生抽，炒匀，注入适量清水。
4. 放入李子拌匀，用大火煮沸，撇去浮沫，加盐拌匀，放入土豆，用小火焖约20分钟，倒入红椒片、洋葱炒熟即可。

小叮咛 土豆含有蛋白质、纤维素、维生素B_1、维生素B_2、维生素B_6、泛酸及多种矿物质，具有延缓衰老、健脾和胃、益气活络等功效。

烹饪时间122分钟；口味甜

三七党参瘦肉汤

原料 ○2人份

瘦肉180克，党参20克，红枣30克，三七10克，姜片、葱段各少许

调料

盐少许

做法

❶ 将洗净的瘦肉切条，再切大块。

❷ 锅中注清水烧开，倒入瘦肉块，汆约2分钟，去除血渍，捞出。

❸ 砂锅中注清水烧热，倒入瘦肉块，放入党参、红枣和三七，撒上姜片、葱段，拌匀。

❹ 烧开后转小火煮至食材熟透，加入盐拌匀，改大火略煮至汤汁入味即可。

小叮咛 三七有散瘀止血、消肿定痛的作用，适用于咯血、吐血、衄血、便血、崩漏、外伤出血、胸腹刺痛、跌扑肿痛等症。

烹饪时间77分钟；口味甜

丹参山楂大米粥

原料 ○2人份

山楂干10克，丹参10克，大米250克

调料

冰糖少许

做法

❶ 砂锅中注入适量清水，倒入山楂干、丹参，盖上盖，煮约15分钟至药材析出有效成分。

❷ 揭盖，倒入洗好的大米，拌匀，盖上盖，用大火煮开后转小火煮1小时至食材熟软。

❸ 揭盖，加入冰糖，煮至熔化，关火后盛出煮好的粥，装入碗中即可。

烹饪时间6分钟；口味淡

胡萝卜山楂汁

原料 ○2人份

胡萝卜80克，鲜山楂50克

做法

❶ 将洗净的胡萝卜切成小丁块；洗好的山楂切开，去除果核；取榨汁机，选择搅拌刀座组合。

❷ 倒入山楂、胡萝卜，注入温开水，选择“榨汁”功能，榨出蔬果汁，倒出榨好的蔬果汁，装入碗中。

❸ 砂锅置火上，倒入汁水，用中火煲煮2分钟至熟，搅拌均匀，盛出煮好的汁水，滤入杯中即可。

家常蘑菇烧鸡

烹饪时间32分钟；口味鲜

原料 ○2人份

鸡块200克，青豆65克，水发香菇70克，姜片、葱段、八角各少许

调料

盐3克，生抽6毫升，料酒4毫升，鸡粉2克，水淀粉4毫升，食用油适量

做法

❶ 用油起锅，倒入八角、葱段、姜片，爆香，倒入鸡块，快速翻炒均匀。

❷ 淋上料酒炒匀，倒入洗净的香菇、青豆，加入生抽，注入适量清水。

❸ 加入盐，翻炒片刻使其均匀，煮开后转小火煮30分钟至入味。

❹ 加入鸡粉，炒匀，倒入水淀粉，翻炒片刻，使其更入味，盛出装入碗中即可。

小叮咛 香菇含有香菇多糖、氨基酸、维生素、蛋白质、矿物质等成分，具有增强免疫力、益气活络等功效。

酒酿蒸鸡

烹饪时间35分钟；口味鲜

原料 ○2人份

鸡块260克，酒酿150毫升，姜片、葱段各3克

调料

盐、鸡粉各2克

做法

1. 取一蒸碗，倒入洗净的鸡块，放入盐、鸡粉，撒上葱段、姜片，拌匀腌渍一会儿。
2. 放入酒酿，搅拌一会儿，使食材混合均匀。
3. 备好电蒸锅，烧开水后放入蒸碗，蒸约30分钟，至食材熟透。
4. 取出蒸碗，稍微冷却后即可食用。

小叮咛 酒酿味甘、辛，性温，含糖类、有机酸、维生素B_1、维生素B_2等，可益气生津、活血散结、消肿。

烹饪时间5分钟；口味鲜

酒蒸蛤蜊

原料 ○3人份

蛤蜊700克，清酒30毫升，干辣椒5克，黄油20克，葱段、蒜末各少许

调料

盐2克，生抽5毫升，食用油适量

做法

❶ 用油起锅，倒入蒜末、干辣椒，爆香。

❷ 放入备好的蛤蜊，炒匀，倒入清酒，加入盐。

❸ 大火焖3分钟至熟盖，放入黄油，炒匀。

❹ 加入生抽，放入葱段，拌匀使其入味，将焖好的蛤蜊盛出，放入盘中即可。

小叮咛 蛤蜊有滋阴、软坚、化痰的作用；清酒有美容养颜、活血定痛的功效，适用于血瘀疼痛、经络不通、四肢痹痛等症。

烹饪时间16分钟；口味甜

桂花蜂蜜蒸萝卜

原料 ○2人份

白萝卜片260克，桂花5克

调料

蜂蜜30毫升

做法

❶ 在白萝卜片中间挖一个洞。

❷ 取一盘，放好挖好的白萝卜片，淋入蜂蜜、桂花，待用。

❸ 取电蒸锅，注入适量清水烧开，放入白萝卜，盖上盖，蒸15分钟。

❹ 揭盖，取出白萝卜，待凉即可食用。

小叮咛 白萝卜含有蛋白质、膳食纤维、胡萝卜素、铁、钙、磷等营养成分，具有清热生津、凉血止血、舒筋止痛等功效。

烹饪时间3分钟；口味甜

蜂蜜香蕉奶昔

原料 ○2人份

香蕉150克，牛奶300毫升

调料

蜂蜜25毫升

做法

❶ 洗净的香蕉剥去果皮，把果肉切成小块，备用。

❷ 取榨汁机，选择搅拌刀座组合，倒入香蕉，注入牛奶。

❸ 倒入蜂蜜，盖上盖，选择“榨汁”功能，榨取汁水，倒出汁水，装入碗中即可。

烹饪时间3分钟；口味清淡

双瓜西芹蜂蜜汁

原料 ○2人份

黄瓜130克，苦瓜180克，西芹50克

调料

蜂蜜15毫升

做法

❶ 洗净的黄瓜对半切开，切成丁；洗好的西芹切丁；洗净的苦瓜去籽，切成丁。

❷ 锅中注清水烧开，放入苦瓜丁，煮至其变色，加入西芹，再煮至食材熟软，捞出，沥干水分。

❸ 取榨汁机，选择搅拌刀座组合，倒入苦瓜、西芹、黄瓜，放入适量矿泉水，榨取蔬菜汁。

❹ 加入蜂蜜，再次选择“榨汁”功能，搅拌匀，倒入杯中即可。

肉末烧蟹味菇

烹饪时间4分钟；口味鲜

原料 ○2人份

蟹味菇250克，肉末150克，豌豆80克，蒜末、葱段各少许

调料

盐、鸡粉各1克，蚝油5克，料酒、生抽各5毫升，水淀粉、食用油各适量

做法

1. 洗净的蟹味菇切去根部；热水锅中倒入洗好的豌豆，煮断生，捞出。
2. 再往锅中倒入蟹味菇，煮断生，捞出。
3. 另起锅注油，倒入肉末炒至转色，倒入蒜末、葱段，炒香，倒入豌豆，加入料酒。
4. 放入蟹味菇炒匀，加入蚝油、生抽、盐、鸡粉，翻炒均匀，注入清水，稍煮入味，用水淀粉勾芡，翻炒至收汁即可。

小叮咛 蟹味菇含有膳食纤维、叶酸、钙、铁、维生素B_2等营养成分，具有防止便秘、增强免疫力等功效。

Part 6

让小毛病一闪而过，全家健康有活力

感冒、咳嗽、腹泻、便秘、牙痛……这些小毛病总是突然之间就降临在大家的身上，影响着大家的日常起居和工作。但又不至于去医院，怎么办呢？去药店买药吃，大可不必！下面的一章就教大家如何应对这些小毛病，赶走它们很轻松哦！

感冒是一种由多种病毒引起的呼吸道常见病，一般分为风寒感冒和风热感冒。风寒感冒表现为发热轻、恶寒重、头痛、周身酸痛、无汗、流清涕等；风热感冒表现为发热重、恶寒轻、流黄涕、口渴、咽痛、扁桃体肿大等。

调养要点

饮食宜清淡稀软，多吃新鲜蔬果，能促进食欲，帮助消化，满足人体对维生素和矿物质的需求。感冒者常有发热、出汗等症状，需补充适当水分。

最佳搭配

✔白菜+莴笋=清热生津、增强免疫力

✔紫甘蓝+香菇=增强免疫力、预防感冒

✔苹果+柠檬=增强体质、消食开胃

✔猕猴桃+苹果=增强免疫力、提高记忆

烹饪时间2分钟；口味甜

莴笋哈密瓜汁

原料 ○2人份

莴笋60克，哈密瓜120克，柠檬20克

做法

❶ 处理好的莴笋切条，再切成小块；洗净的哈密瓜去皮，切成小块，待用。

❷ 备好榨汁机，倒入切好的食材，挤入柠檬汁，倒入少许清水。

❸ 盖上盖榨汁，倒入杯中即可。

花菜香菇粥

烹饪时间57分钟；口味淡

原料 ○2人份

西蓝花100克，花菜80克，胡萝卜80克，大米200克，香菇、葱花各少许

调料

盐2克

做法

❶ 洗净去皮的胡萝卜切成丁；洗好的香菇切成条；洗净的花菜去除菜梗，再切成小朵。

❷ 洗好的西蓝花去除菜梗，再切成小朵；砂锅中注清水烧开，倒入洗好的大米，用大火煮开后转小火煮40分钟。

❸ 倒入香菇、胡萝卜、花菜、西蓝花，拌匀，续煮15分钟。

❹ 放入盐，拌匀调味，盛出煮好的粥，装入碗中，撒上葱花即可。

小叮咛 香菇含有蛋白质、B族维生素、叶酸、膳食纤维、铁、钾等营养成分，具有增强免疫力、预防感冒、降血压等功效。

烹饪时间2分钟；口味酸

上海青苹果柠檬汁

原料 ○2人份

上海青叶子50克，苹果90克，柠檬20克

做法

❶ 洗净的苹果去核去皮，切成小块；洗净的上海青叶子切碎，待用。

❷ 备好榨汁机，倒入切好的食材，加入备好的柠檬汁，倒入少许凉开水。

❸ 盖上盖，调转旋钮至1档，榨取蔬果汁，打开盖，将榨好的蔬果汁倒入杯中即可。

小叮咛 柠檬含有维生素C、糖类、钙、磷、铁等成分，具有增强免疫力、防治感冒、促进食欲等功效。

烹饪时间2分钟；口味辣

炝拌手撕蒜薹

原料 ○3人份

蒜薹300克，蒜末少许

调料

老干妈辣椒酱50克，陈醋5毫升，芝麻油5毫升，食用油适量

做法

❶ 锅中注入适量的清水大火烧开，倒入蒜薹，搅匀煮至断生，捞出，沥干水分待用。

❷ 取一个碗，用手将蒜薹撕成细丝，倒入老干妈辣椒酱、蒜末，搅拌片刻。

❸ 淋入少许食用油、陈醋、芝麻油，搅拌片刻；取一个盘子，将拌好的蒜薹倒入即可。

小叮咛 蒜薹含有大蒜素、大蒜新素、烟酸、钙、磷、钾、钠、镁、铁等成分，具有杀菌消炎、开胃消食、预防感冒等功效。

咳嗽是呼吸系统疾病的主要症状，咳嗽的原因有上呼吸道感染、支气管炎、肺炎、喉炎等。咳嗽的主要症状：痰多色稀白或痰色黄稠，量少，喉痒欲咳等。

调养要点

饮食以新鲜蔬菜为主，适当吃豆制品，荤菜量应减少，以蒸煮为主。水果可选择梨、苹果、藕、柑橘等。另外，宜多喝水，除满足自身需要外，充足的水分可帮助稀释痰液，易于咳出，并可增加尿量，促进有害物质的排泄。

最佳搭配

✔白萝卜+蜂蜜=润肺止咳、消食除胀

✔陈皮+鸡蛋=理气健脾、燥湿化痰

✔山药+杏仁=止咳平喘、润肠通便

✔山药+银耳=补脾开胃、益气清肠

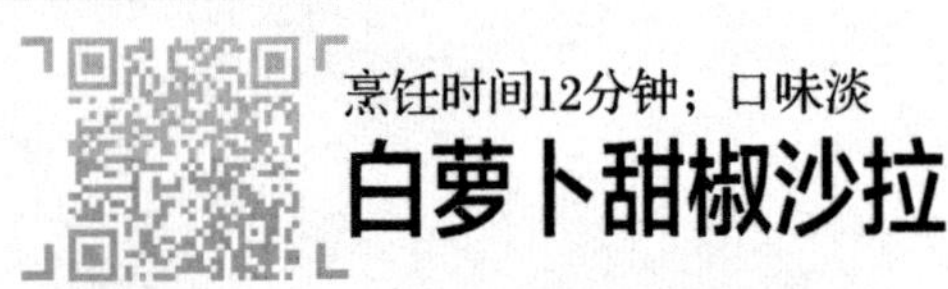

烹饪时间12分钟；口味淡

白萝卜甜椒沙拉

原料 ○2人份

黄瓜40克，彩椒60克，白萝卜80克

调料

盐、蛋黄酱各适量

做法

❶ 洗净去皮的白萝卜切丝；洗好的黄瓜切丝；洗净的彩椒去籽，切成丝。

❷ 白萝卜丝装碗中，加盐腌渍10分钟。

❸ 锅中注清水烧开，倒入彩椒丝，略煮片刻，捞出过凉水。

❹ 将白萝卜丝捞出，压去多余水分，装入碗中，放入黄瓜丝，搅匀，加入盐拌匀，将拌好的食材装入盘中，挤上蛋黄酱即可。

陈皮炒鸡蛋

烹饪时间2分钟；口味鲜

原料 ○2人份

鸡蛋3个，水发陈皮5克，姜汁100毫升，葱花少许

调料

盐3克，水淀粉、食用油各适量

做法

❶ 洗好的陈皮切丝；取一个碗，打入鸡蛋，加入陈皮丝、盐、姜汁，搅散，倒入水淀粉，拌匀，待用。

❷ 用油起锅，倒入蛋液，炒至鸡蛋成形，撒上葱花，略炒片刻。

❸ 关火后盛出炒好的菜肴，装入盘中即可

小叮咛 陈皮味苦、辛，性温，归肺、脾经，能理气健脾、燥湿化痰，用于脘腹胀满、食少吐泻、咳嗽痰多等症。

烹饪时间3分钟；口味酸

白萝卜丝沙拉

原料 ○2人份

生菜50克，白萝卜70克，柠檬汁10毫升

调料

蜂蜜5毫升，橄榄油10毫升，盐少许

做法

❶ 洗净去皮的白萝卜切丝；洗好的生菜对半切开，再切成丝。

❷ 锅中注清水烧开，倒入白萝卜，略煮一会儿，至其断生，捞出，过凉水，沥干水分备用。

❸ 将白萝卜丝放入碗中，加入生菜拌匀，加入盐、柠檬汁、蜂蜜、橄榄油，搅匀即可。

小叮咛 白萝卜含有维生素、纤维素、芥子油、淀粉酶等营养成分，具有开胃消食、润肺止咳等功效。

烹饪时间17分钟；口味甜

山药杏仁银耳羹

原料 ○2人份

水发银耳180克，山药220克，杏仁25克

调料

白糖4克，水淀粉适量

做法

❶ 将去皮洗净的山药切开，再切薄片；洗好的银耳切成小朵。

❷ 锅中注清水烧热，倒入山药片，放入洗净的杏仁，倒入切好的银耳，拌匀。

❸ 烧开后转小火煮约15分钟，至食材熟透，加入白糖，搅拌一会儿。

❹ 再用水淀粉勾芡，至汤汁浓稠，盛出煮好的银耳羹，装在碗中即可。

小叮咛 山药药用价值较高，含糖类、维生素C、胆碱、淀粉酶、黏液蛋白等营养成分，具有益气养阴、补脾肺肾、固精止带等作用。

消化不良是由胃动力障碍引起的疾病，包括胃蠕动不好的胃轻瘫和食管反流病。表现为上腹痛、早饱、腹胀、嗳气等。长期的消化不良易导致肠内平衡被打乱，出现腹泻、便秘、腹痛和胃癌等。

调养要点

米汤或大麦清粥对胀气、排气等症状都是非常有效的。因此，消化不良的人每天可以多喝一些米汤。要少吃一些不利消化的食物，如豆类、辛辣食物、油炸食物等。

最佳搭配

✔苹果+草莓=润肺健胃、消食顺气

✔菠萝+柠檬=化痰止咳、健脾消食

✔苹果+柠檬=生津祛暑、健脾消食

✔酸奶+玉米=补虚降脂、消食和胃

推荐食谱

烹饪时间2分钟；口味酸

草莓油桃苹果汁

原料 ○2人份

油桃130克，草莓90克，苹果70克

做法

1. 洗净的油桃切开去核，切块；洗好的苹果切瓣，去皮去核，切块。
2. 洗净的草莓去头部，对半切开。
3. 榨汁机中倒入切好的草莓和苹果块，加入油桃块，注入100毫升凉开水，榨约20秒成果汁，将榨好的果汁倒入杯中即可。

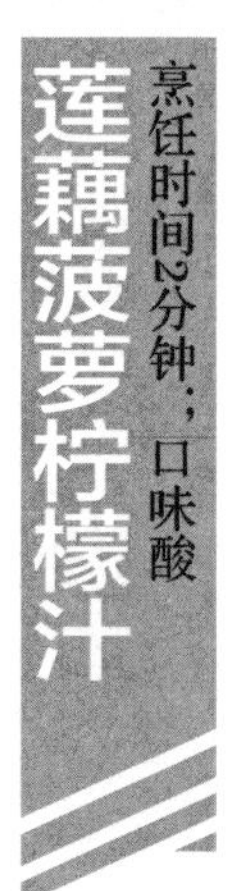

莲藕菠萝柠檬汁

烹饪时间2分钟；口味酸

原料 ○2人份

去皮莲藕50克，去皮菠萝50克，柠檬汁20毫升

做法

❶ 洗净去皮的菠萝去心，切块；洗净去皮的莲藕切碎。

❷ 沸水锅中倒入莲藕碎，汆煮约1分钟至断生，捞出。

❸ 将莲藕碎倒入榨汁机中，放入菠萝块，加入柠檬汁，倒入70毫升凉开水。

❹ 启动榨汁机，榨约15秒成蔬果汁，将蔬果汁倒入杯中即可。

小叮咛 菠萝中的蛋白酶能有效分解食物中的蛋白质，促进肠道蠕动、帮助消化、预防脂肪沉积，是消化不良、食欲不佳者的理想食材。

烹饪时间2分钟；口味酸

酸奶玉米蓉

原料 ○2人份

玉米粒90克，酸奶50毫升

做法

❶ 沸水锅中倒入洗净的玉米粒，煮至断生。

❷ 捞出煮好的玉米粒，沥干水分，装盘待用。

❸ 取出榨汁机，打开盖子，倒入玉米粒、酸奶。

❹ 盖上盖子，榨约30秒成酸奶玉米蓉，装入杯中即可食用。

小叮咛 玉米含有淀粉、蛋白质、脂肪、膳食纤维、B族维生素等营养成分，具有利尿、降血糖、促进消化等功效。

烹饪时间2分钟；口味酸

芦笋青苹果汁

原料 ○2人份

青苹果80克，芦笋50克

做法

❶ 洗净的芦笋去皮切成丁；洗净的青苹果去核，切成小块，待用。

❷ 备好榨汁机，倒入切好的芦笋和青苹果，倒入适量凉开水。

❸ 盖上盖，调转旋钮至1挡，榨取蔬果汁。

❹ 打开盖，将榨好的蔬果汁倒入杯中即可。

小叮咛 青苹果含有维生素、纤维素、果酸、苹果酸等成分，具有排毒瘦身、润肺除烦、健脾益胃等功效。

腹泻

腹泻是指排便次数明显超过日常习惯的排便次数，粪质稀薄，水分增多，每日排便总量超过200克。腹泻主要分为急性与慢性，急性腹泻发病为一至两个星期；慢性腹泻发病则在2个月以上，多由肛肠疾病所引起。

调养要点

机体腹泻时水分大量丢失，宜增加流质饮食的摄入，如藕粉、果汁等。在饮食中适当添加一些水果和蔬菜，如西红柿、土豆、茄子、黄瓜、柑橘等，可以补充维生素。

最佳搭配

✔胡萝卜+粳米=除烦止渴、固肠止泻

✔小麦+粳米=生津止汗、健脾厚肠

✔莲子+糯米=温补脾胃、固肠止泻

✔红薯+莲子=补脾止泻、益肾涩精

推荐食谱

烹饪时间37分钟；口味淡

胡萝卜粳米粥

原料 ○2人份

水发粳米100克，胡萝卜80克，葱花少许

调料

盐、鸡粉各2克

做法

❶ 将去皮洗净的胡萝卜切开，改切条形，再切丁。

❷ 砂锅中注入适量清水烧开，倒入胡萝卜丁，放入洗净的粳米，搅拌匀，使米粒散开。

❸ 烧开后用小火煮约35分钟，至食材熟透，加入鸡粉、盐调味，再撒上葱花，盛出粳米粥，装在碗中即成。

小麦粳米粥

烹饪时间50分钟；口味甜

原料 ○2人份

小麦100克，粳米100克，红枣10颗

调料

冰糖20克

做法

❶ 砂锅中注清水烧开，倒入泡好的小麦，拌匀，用大火煮开后转中火续煮15分钟至熟。

❷ 用漏勺将小麦捞出，锅中留下小麦汁，小麦汁用大火煮开。

❸ 倒入泡好的粳米，加入红枣，拌匀，煮至熟。

❹ 加入冰糖，搅拌至熔化，盛出即可。

小叮咛 粳米含有糖类、蛋白质、膳食纤维、B族维生素等多种营养物质，具有养阴生津、除烦止渴、健脾止泻等功效。

烹饪时间58分钟；口味甜

莲子糯米糕

原料 ○2人份

水发糯米270克，水发莲子150克

调料

白糖适量

做法

❶ 锅中注清水烧热，倒入洗净的莲子，烧开后转中小火煮至其变软。

❷ 捞出煮好的莲子，沥干水分，装在碗中，放凉后剔除心，碾碎成粉末状。

❸ 加入糯米混匀，注入清水，再转入蒸盘中，铺开、摊平，入蒸锅蒸至食材熟透。

❹ 取出蒸好的材料，放凉，盛入模具中，修好形状，再摆放在盘中，脱去模具，食用时撒上少许白糖即可。

小叮咛 莲子含有棉子糖、维生素C、葡萄糖、叶绿素、棕榈酸、钙、磷、铁等营养成分，具有补脾止泻、益肾固精、养心安神等功效。

烹饪时间4分钟；口味甜

拔丝红薯莲子

原料 ○2人份

红薯150克，水发莲子90克

调料

白糖35克，食用油适量

做法

❶ 将洗净去皮的红薯切厚片，切条，改切丁；莲子去掉莲子心，待用。

❷ 热锅注油烧至四五成热，放入红薯块炸约1分钟，加入莲子，再炸约半分钟，捞出，沥干油分。

❸ 锅中注入适量清水，放入白糖，搅拌，中火煮至熔化，熬煮成色泽微黄的糖浆。

❹ 倒入红薯和莲子，炒匀，盛出装盘，拔出丝即可。

小叮咛 红薯含有蛋白质、淀粉、果胶、纤维素、膳食纤维、维生素及多种矿物质，具有补中和血、益气生津等作用。

便秘

便秘是指排便次数减少、粪便量减少、粪便干结、排便费力等。引起功能性便秘的原因有：饮食不当，生活压力过大，精神紧张，滥用泻药，结肠运动功能紊乱，年老体虚，排便无力等。

调养要点

常吃含丰富粗纤维的各种蔬菜水果，如南瓜、芋头、香蕉、甘蔗、松子仁等。禁吃辛辣刺激、燥热的食物，如辣椒、胡椒、芥末、咖喱、羊肉、狗肉、肉桂等。

最佳搭配

✔杏仁+松子=补益气血、润燥滑肠

✔韭菜+黄豆=温肾助阳、益脾健胃

✔芹菜+白萝卜=化痰清热、帮助消化

✔白萝卜+土豆=通便和胃、健脾益气

烹饪时间55分钟；口味甜

杏仁松子大米粥

原料 ○2人份

水发大米80克，松子20克，杏仁10克

调料

白糖25克

做法

❶ 砂锅中注清水烧开，倒入大米，拌匀，大火煮开转小火煮30分钟至米熟。

❷ 放入松子、杏仁，拌匀，小火续煮20分钟至食材熟软。

❸ 放入白糖，搅拌约2分钟至白糖熔化，将煮好的粥装入碗中即可。

韭菜黄豆炒牛肉

烹饪时间13分钟；口味鲜

原料 ○2人份

韭菜150克，水发黄豆100克，牛肉300克，干辣椒少许

调料

盐3克，鸡粉2克，水淀粉4毫升，料酒8毫升，老抽3毫升，生抽5毫升，食用油适量

做法

❶ 锅中注清水烧开，倒入洗好的黄豆，略煮一会儿，至其断生，捞出。

❷ 洗好的韭菜切成均匀的段；洗净的牛肉切片，再切成丝，装入盘中，放入1克盐、水淀粉、4毫升料酒，搅匀，腌渍10分钟至其入味，备用。

❸ 热锅注油，倒入牛肉丝、干辣椒，翻炒至变色，淋入4毫升料酒，放入黄豆、韭菜。

❹ 加入2克盐、鸡粉，淋入老抽、生抽，快速翻炒入味即可。

小叮咛 韭菜含有维生素B_1、烟酸、维生素C、胡萝卜素、硫化物及多种矿物质，具有补肾温阳、开胃消食、润肠通便等功效。

烹饪时间10分钟；口味淡

蒸白萝卜

原料 ○2人份

去皮白萝卜260克，葱丝、姜丝各5克，红椒丝3克，花椒适量

调料

食用油适量，生抽8毫升

做法

1. 洗净的白萝卜切0.5厘米左右厚的片。
2. 取一盘，呈圆形摆放好切好的白萝卜，放上姜丝，备用。
3. 取蒸锅，注入清水烧开，放入白萝卜片蒸8分钟。
4. 取出蒸盘，去掉姜丝，放上葱丝、红椒丝；用油起锅，放入花椒，爆香，淋到白萝卜上，去掉花椒，淋上生抽即可。

小叮咛 白萝卜含有蛋白质、膳食纤维、胡萝卜素、铁、钙、磷等营养成分，具有清热生津、通便排毒、消食化滞等功效。

烹饪时间3分钟；口味甜

芹菜白萝卜汁

原料 ○2人份

芹菜45克，白萝卜200克

做法

❶ 将洗净的芹菜切成碎末状；洗好去皮的白萝卜切片，再切成条，改切成丁。

❷ 取榨汁机，选择搅拌刀座组合，倒入切好的芹菜、白萝卜。

❸ 注入适量温开水，盖上盖，选择“榨汁”功能，榨取蔬菜汁。

❹ 断电后往过滤网上倒出蔬菜汁，滤入碗中即可。

小叮咛 白萝卜含有芥子油、有机酸、淀粉酶、粗纤维和多种矿物质、维生素，具有清热解毒、健脾养胃、润肠通便等功效。

牙痛

牙痛是一种常见的口腔科疾病。其主要是由牙齿本身、牙周组织及颌骨的疾病等所引起。临床表现为牙齿疼痛、龋齿、牙龈肿胀、龈肉萎缩、牙齿松动、牙龈出血等。

调养要点

宜吃能清心泻火、凉血止痛的食物，如贝类、芋头、南瓜、西瓜、马蹄等，对于缓解牙痛很有帮助。此外，还要注意忌口，不要吃辛辣和刺激的食物，也不要冷热的食物混在一起吃，这样对牙齿的伤害非常大。

最佳搭配

✔苦瓜+玉米=清暑除烦、消炎止痛

✔西瓜+马蹄=清心除烦、利尿消肿

✔香芋+西瓜=清热解暑、消肿止痛

✔茭白+苦瓜=清热通便、除烦解酒

推荐食谱

烹饪时间5分钟；口味清淡

素炒芋头片

原料 ○2人份

去皮芋头230克，彩椒10克，红椒5克，葱花少许

调料

盐、白糖各2克，鸡粉3克，食用油适量

做法

❶ 洗净的芋头切片；洗好的红椒、彩椒切粗条，改切成丁。

❷ 用油起锅，放入芋头片，油煎约2分钟至微黄色，倒入红椒、彩椒，炒匀。

❸ 加入盐、鸡粉、白糖，翻炒约2分钟至熟，放入葱花，炒匀即可。

葱香蒸茄子

烹饪时间12分钟；口味鲜

原料 ○2人份

茄子250克，水发豌豆100克，火腿100克，水发香菇90克，葱花、蒜末各少许

调料

盐2克，鸡粉2克，料酒4毫升，生抽4毫升，食用油适量

做法

1. 洗净的茄子切成段；火腿切丁；泡发好的香菇切丁。
2. 取一个碗，倒入火腿、香菇、水发豌豆，放入蒜末，拌匀，加入盐、鸡粉、料酒，拌匀调味。
3. 取一个盘，摆入茄条，倒入搅拌好的食材；蒸锅注清水烧开，放入茄子盘，大火蒸10分钟至熟透。
4. 将菜取出，撒上葱花；热锅注油烧热，将热油、生抽浇在茄子上即可。

小叮咛 茄子含有膳食纤维、维生素E、核酸、维生素C等营养成分，具有增强免疫力、消炎止痛等功效。

烹饪时间3分钟；口味清淡

小白菜炒茭白

原料 ○2人份

小白菜120克，茭白85克，彩椒少许

调料

盐3克，鸡粉2克，料酒4毫升，水淀粉、食用油各适量

做法

❶ 事先将洗净的小白菜放入盘中，撒上盐，搅拌至盐熔化，再腌渍约2小时，至其变软。

❷ 将腌好的小白菜切长段；洗净的茭白切粗丝；洗好的彩椒切粗丝，备用。

❸ 用油起锅，倒入茭白，炒出水分，放入彩椒丝，加入盐、料酒，炒匀，倒入小白菜。

❹ 用大火翻炒至食材变软，加入鸡粉炒匀调味，再用水淀粉勾芡即可。

小叮咛 小白菜含有糖类、膳食纤维、维生素A、B族维生素、钙、磷、铁、硒、锰等营养成分，具有清热消炎、美白皮肤、健脾胃等功效。

烹饪时间3分30秒；口味清淡

玉米苦瓜煎蛋饼

原料 ○2人份

玉米粒100克，苦瓜85克，高筋面粉30克，玉米粉15克，鸡蛋液130克

调料

盐少许，鸡粉2克，胡椒粉、食用油各适量

做法

❶ 将洗净的苦瓜切薄片；锅中注清水烧开，倒入洗净的玉米粒，焯约1分钟，捞出待用。

❷ 倒入苦瓜片，煮至，捞出待用断生后捞出；鸡蛋液倒入碗中，搅散，加入焯过水的材料。

❸ 放入高筋面粉、玉米粉，加盐、鸡粉、胡椒粉，搅拌匀，制成蛋糊，待用。

❹ 用油起锅，倒入调好的蛋糊，铺开、摊平，煎至两面熟透，盛出煎好的蛋饼，食用时分切成小块，摆好盘即可。

小叮咛 苦瓜含有膳食纤维、胡萝卜素、维生素B_1、维生素B_2、苦瓜苷、钾等营养成分，具有清热解暑、除烦止渴等功效，适合牙痛患者食用。

口腔溃疡

口腔溃疡又称“口疮”，是因不讲卫生或饮食不当，还可能是因身体关系造成的舌尖或口腔黏膜产生发炎、溃烂，而导致进食不畅所致。

调养要点

宜吃富含维生素C的水果，如草莓、橙子；宜选择有引火下行、清热润肠功效的蔬菜，如芹菜、豆荚、莴笋、油菜、茼蒿、莲藕等；富含维生素B_2的食物能促进溃疡愈合，维护黏膜的完整性，如猪肉、猪肝、蛋黄、鸡肉。

最佳搭配

✔橙汁+雪梨=增强免疫力、促进伤口愈合

✔鱼腥草+苦瓜=引火下行、清热消炎

✔芹菜+苦瓜=清心除烦、消炎止痛

✔金橘+南瓜=增强免疫力、促进伤口愈合

推荐食谱

烹饪时间42分钟；口味甜

橙汁雪梨

原料 ○2人份

雪梨230克，橙子180克，橙汁150毫升

调料

白糖适量

做法

1. 洗净的雪梨去皮、去核，切片；橙子切瓣，将皮和瓤分离至底部相连不切断，将皮切开一片翻回来，做成兔耳状。
2. 锅中注清水烧开，倒入雪梨，搅拌片刻，捞出装碗，倒入橙汁，加入白糖拌至熔化，浸泡40分钟。
3. 将处理好的橙子瓣摆在盘侧一边，雪梨片摆入盘中，浇上橙汁即可。

腐乳凉拌鱼腥草

烹饪时间2分钟；口味辣

原料 ○2人份

巴旦木仁20克，鱼腥草50克，腐乳8克，香菜叶适量

调料

白糖2克，芝麻油、陈醋各5毫升，红油适量

做法

❶ 用勺子将腐乳碾碎，加入红油，拌匀，待用。

❷ 取一个碗，放入鱼腥草、腐乳，放入陈醋、白糖、芝麻油、红油，搅拌均匀。

❸ 加入10克巴旦木仁，拌匀。

❹ 取一个盘子，将拌好的食材装入盘中，放上剩余的巴旦木仁，点缀上香菜叶即可。

小叮咛 鱼腥草能清热解毒、消肿疗疮、清热止痢、健胃消食，用治实热、热毒、湿邪、疾热为患的疮疡肿毒、痔疮便血、脾胃积热等。

烹饪时间35分钟；口味淡

南瓜沙拉

原料 ○2人份

南瓜200克，土豆100克，胡萝卜100克，黄瓜100克，熟鸡蛋1个

调料

盐2克，胡椒粉5克，沙拉酱20克

做法

❶ 洗净去皮的土豆切块；洗净的南瓜去籽，切小块；蒸锅上火烧开，放入南瓜、土豆蒸10分钟，取出装碗，压成泥状。

❷ 洗净去皮的胡萝卜切丁；洗净的黄瓜切成块；熟鸡蛋去壳切成小块。

❸ 锅中注清水烧开，倒入胡萝卜煮片刻，再倒入黄瓜煮断生，捞出装碗，放入南瓜、土豆，加入鸡蛋、盐、胡椒粉、沙拉酱，搅拌匀。

❹ 用保鲜膜将食材封好，放入冰箱冷藏，20分钟后将其取出，去除保鲜膜，倒入碗中即可。

小叮咛 南瓜含有磷、镁、铁、铜、锰、蛋白质、胡萝卜素等成分，具有清热解毒、保护口腔黏膜、帮助消化等功效。

烹饪时间2分钟；口味酸

芹菜甜橘沙拉

原料 ○2人份

芹菜段45克，橘子肉110克，圣女果肉瓣85克，柠檬汁20毫升

调料

白糖2克，白醋10毫升，蜂蜜适量

做法

❶ 锅中注清水烧热，倒入洗净的芹菜段，焯煮至其断生后捞出，沥干水分，待用。

❷ 取一碗，倒入芹菜段、橘子肉，倒入洗净的圣女果瓣，淋上柠檬汁。

❸ 加入白糖、白醋，倒入少许蜂蜜，快速搅拌一会儿，至食材入味。

❹ 另取一盘，盛入拌好的菜肴，摆好盘即可。

小叮咛 芹菜具有清热除烦、利水消肿、凉血止血的作用，对燥热烦渴、小便不利、口腔溃疡、疮腮等病症有食疗作用。

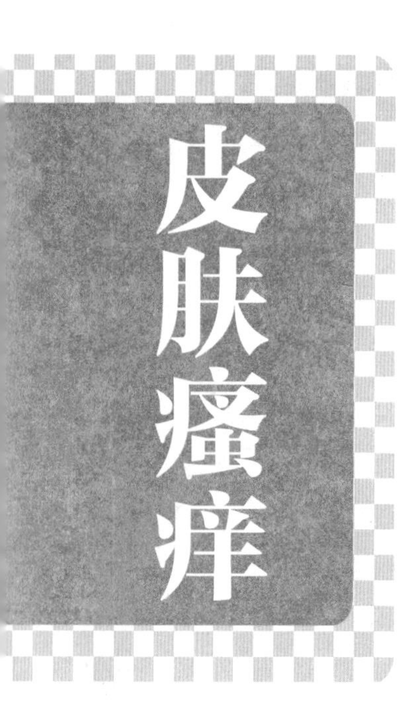

皮肤瘙痒临床上可分为全身性皮肤瘙痒和局限性皮肤瘙痒，后者多局限在肛门和外阴部。全身性皮肤瘙痒可由内分泌失调、慢性疾病以及精神性因素所致。

调养要点

多食用高纤维食物，包括新鲜水果、蔬菜、杂粮等。纤维素丰富的食物可以促进雌激素分泌，增加血液中镁含量，从而改善皮肤瘙痒状况，还可维持稳定的情绪。多摄取优质蛋白，如蛋类、瘦肉、奶制品、大豆等。

最佳搭配

✔海带+绿豆=利湿止痒、清热除烦

✔薏米+赤小豆=利水渗湿、止痒止泻

✔西瓜皮+薏米=消暑除烦、利尿消炎

✔芡实+鸭肉=滋阴润燥、润肤止痒

烹饪时间72分钟；口味甜

家常海带绿豆汤

原料 ○2人份

海带丝70克，绿豆100克

调料

冰糖50克

做法

❶ 砂锅中注入清水烧开，倒入洗净的绿豆，烧开后用小火煮约50分钟，至食材变软。

❷ 倒入海带丝，拌匀搅散，再盖上盖，用中小火煮至食材熟透。

❸ 放入冰糖，搅拌匀，煮至熔化，盛出煮好的绿豆汤，装在碗中即成。

薏米红豆豆浆

烹饪时间16分钟；口味甜

原料 ○2人份

水发薏米50克，红豆55克

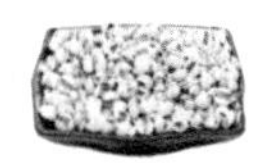

调料

白糖适量

做法

❶ 将已浸泡4小时的薏米和已浸泡6小时的红豆洗净，倒入滤网，沥干水分。

❷ 把洗好的食材倒入豆浆机中，加入白糖，注入清水，至水位线即可。

❸ 盖上豆浆机机头，选择“五谷”程序，再选择“开始”键，开始打浆。

❹ 待豆浆机运转约15分钟后，把煮好的豆浆倒入滤网，滤取豆浆，倒入杯中，撇去浮沫即可。

小叮咛 薏米含有蛋白质、维生素B_1、维生素B_2、钙、磷、镁、钾等营养成分，具有健脾利湿、清热护肤等功效，适合皮肤瘙痒患者食用。

烹饪时间67分钟；口味清淡

西瓜皮煲薏米

原料 ○2人份

西瓜皮120克，水发绿豆95克，水发薏米100克

调料

白糖适量

做法

❶ 将洗净的西瓜皮切条形，改切成丁，待用。

❷ 砂锅中注清水烧开，倒入洗净的薏米、绿豆，撒上西瓜丁，搅散。

❸ 盖上盖，烧开后转小火煲煮约65分钟。

❹ 揭盖，加入白糖，搅匀至熔化，盛在碗中，稍微冷却后即可食用。

小叮咛 西瓜皮含有粗纤维、维生素B_2、烟酸、抗坏血酸及钙、磷、铁等营养成分，具有利尿、解热、促进伤口愈合以及促进皮肤新陈代谢等功效。

烹饪时间32分钟；口味甜

南瓜番茄排毒汤

原料 ○2人份

小南瓜230克，小番茄70克，去皮胡萝卜45克，苹果110克

调料

蜂蜜30毫升

做法

1. 洗净的胡萝卜切滚刀块；洗好的苹果切块；洗净的小南瓜切大块，待用。
2. 砂锅中注入适量清水烧开，倒入胡萝卜、苹果、小南瓜、小番茄，拌匀。
3. 加盖，大火煮开后转小火煮30分钟至熟。
4. 揭盖，加入蜂蜜，搅拌片刻至入味，盛出煮好的汤，装入碗中即可。

小叮咛 苹果含有蛋白质、膳食纤维、维生素A、维生素C、维生素E以及磷、钾、硒、碘、锌、锰等营养元素，具有瘦身排毒、调理肠胃、消炎止痒等功效。

烹饪时间65分钟；口味鲜

芡实炖老鸭

原料 ○3人份

鸭肉500克，芡实50克，姜片、葱段各少许

调料

盐2克，鸡粉2克，料酒10毫升

做法

❶ 锅中注清水烧开，倒入鸭肉，淋入5毫升料酒，略煮一会儿，汆去血水，捞出，沥干水分，待用。

❷ 砂锅中注清水烧热，倒入芡实、鸭肉，再加入5毫升料酒、姜片、葱段。

❸ 盖上锅盖，烧开后转小火煮1小时至食材熟透。

❹ 揭开锅盖，加入盐、鸡粉，搅拌片刻，至食材入味即可。

小叮咛 鸭肉含有蛋白质、不饱和脂肪酸、B族维生素、钙、磷、铁等营养成分，具有补阴益血、增强免疫力、滋养皮肤等功效。